廚師劇場

北方菜

【聽大廚說菜，咀嚼北方飲食文化的轉變】

啟發青年學子與廚師的廚藝觀

《廚師劇場》延續著中華民族的北方館廚藝文化史，而臺灣是中華民族的「廚藝」大熔爐，因時代轉換與多元世代裡，餐飲莘莘學子只知八大菜系的泛泛介紹，卻不知有很多逐漸被遺忘的重要根源資產，即使是專業廚師也受環境因素，有很多尚未知曉與了解的廚藝精華資料，其中：拌白菜心、四大抓炒、九轉肥腸、醋椒魚……等，傳統做法已逐漸在餐館中消失。

透過本書《廚師劇場》，啟發青年學子與業界廚師的廚藝觀，對於跨科系的同學亦能藉由專業的引導，從圖片及文字的講解探討，到實物操作進而投入廚藝環境，皆可增進廚藝文化與技能傳承。

目前市面上少有兼具食譜菜色與廚藝文化介紹，本書延續的是老祖宗的智慧，激盪著科技時代的變化，美味與佳餚襯托著作者的心思，期待著不同菜系的廚藝劇場巧手呈現。

台北市旅館業職業工會──理事長

晶華酒店集團──廚藝總監

遍嘗酸甜苦辣鹹的廚藝技能

這本書匯集了在台灣北方館烹調與菜餚文化典故，延續中華民族傳統編著食譜的精神，時下台灣的北方館餐廳已逐漸凋零，或許是時代轉變，消費型態呈現多元化，以致於原本北方館廚房內的烤鴨、白案（中點）、火上（爐區）皆紛紛獨立創業，特色經營自成一格。對於北方廚藝的分支現況，讓曾經從學徒開始摸索到當上廚師（二火）的我而言，內心激盪著老師傅們的技藝斷層。

有幸遇上全球餐飲發展公司的岳總，提及要編輯《廚師劇場》的使命，做一些屬於餐飲界有意義的事，這股精神感動了正在苦讀博班課程解讀原文的我，要撥出時間完成劇場的前階段，想要完成北方菜系的範圍是一大工程，非我能力所及，畢竟千年廚藝非一朝一夕所能學完，只能奉獻個人綿薄之力於社會。

透過本書讓學生得以在實作課操作完成之後，有參考菜色作品，文化典故的依據；業界廚師們亦可了解老菜傳承與新作的差異之處。中華民族博大精深的北方菜餚，有宮廷式的御宴、政商名流聚集的餐館、巷弄內的小吃，無不吸引著大眾味蕾，遍嘗酸甜苦辣鹹的廚藝技能，感受生長在這個時代的幸福饗宴。

我的業界廚師歷程

打從進入廚房學徒開始，就認定自己會是一名廚師，而且一定要做到五星級飯店的主廚為止，因為從我的姓名便可分曉「鍋子底下木柴兩把火來燒」。我並沒有辜負老天讓我在三十幾年的廚房環境中茁壯成長。

我是新北市平溪鄉的農家子弟，雖然愛唸書，因家境之故，國中畢業後就出外從事廚藝的行業，第一個工作就是到廟口的夜市學台菜海鮮，因緣際會，回到台中眾興鴨子樓，北方館的學徒生涯開始，每天有做不完的事，也就是

學不完的基本功，發魚翅、海參、揉麵、發銀絲捲、饅頭、花捲、清理鴨子、燙麥芽水、準備烤鴨……就是這樣的磨練，加上自己的求知欲望，找各種廚藝的書籍來解答，這些都是當兵前做的事，入伍也理所當然成了師長的御用廚師，退伍後，就去了當時如日中天的台中明湖春鴨子樓。順理成章的結婚生子，值得高興的是妻賢子孝，三個壯丁，兩位台大碩士，一位中央警官學校畢業，如今皆能自立。

從北方菜轉型到川菜，工作態度是一樣的，既然是做川菜，就應做出川菜的專業與精髓，然而從餐廳到飯店走了快 20 年，餐廳的高薪，進了飯店卻是重新來過，雖然收入減少了，但收穫是成長的，此時也開始接觸到國際競賽，從 1995 年泰國的開始，冰雕、果雕、現場烹飪，樣樣都來，眼睛睜開就做，做到眼睛閉上才休息，但無怨無悔的獻給廚藝。

涵碧樓的籌備，有個英籍總經理 Mr.John，在他的指導下，才真正知道廚藝的境界與修為，也是在他的鼓勵支持下，去進修，拿到碩士學位，因而走上學界，到了花蓮，創系，接系主任，然後考上海洋大學食品科學系的博士班。從助理教授，副教授，到教授的教學生涯裡，沒有忘了廚藝，每年參與國際競賽，每年發表廚藝相關的文章，不斷的激勵自己，如今攻讀雲科大博士班，為的是圓自己的讀書夢，當然最重要的是，我比三個兒子的學歷都高，哈哈！回過頭來看，我的一生，是多少廚師的寫照，廚師因家貧或不唸書而走上這行，但也可以透過自己的努力，走出一條路，與廚界的朋友共勉之。

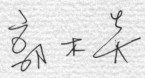

為何叫廚師劇場？

　　三千多年前，周朝的御膳管理機構叫「太官」，廚師通稱「庖人」，周朝食官表裡列出的膳夫，是為食官總管，就是現今的餐飲總監或行政主廚。而各式分管專長也不同的名稱，和現代是一樣的，庖人只殺不炒、內饔負責選料、亨人及烹人負責烹煮、漁人負責魚鮮、獸人負責獵之禽肉、甸師管糧草，即柴火燃料、酒人掌酒、凌人掌水、醢人管醬、醯人掌醃漬之物、鹽人管鹽等等。

　　我們現在則通稱廚師為「烹調之專業人員」，自古以來，廚師男多女少，唐朝段文昌的家廚人稱「膳祖」，是位廚娘；宋朝特別重視女子從事廚藝，能成為廚娘，是祖上有光，有地位又賺錢；五代有位比丘尼梵正，有道名菜叫輞川小樣，以拼盤的方式呈現出輞川的 20 道景色，這大概是最有名的花色拼盤，到了現代最有名的台灣女廚師，則是傅培梅女士。

　　廚師從庖人、饔人、廚司、炊人，軍中叫伙夫、火頭軍，寺院叫菜頭、飯頭，《禪門規式》言：「主飯者曰為飯頭，主菜者曰為菜頭」。另一種叫「行廚」是流動廚師的稱呼，沒有固定的地方，四處為廚。廚師的名稱出現大約在宋朝，宋朝的官裡有四司六局，四司其一司為廚司，負責廚務的工作，廚司轉變為廚師，理解為廚房裡的師傅也是合理的。

　　中華民族廚師這行，祭祀祖師爺，但就像現今台灣政治，各黨有祭祀的對象，最早商朝的伊尹、彭祖，到春秋時齊國的易牙，易牙把自己的兒子，烹煮後獻給齊桓公，這也有人祭拜；另外一位叫詹王，是隋文帝時代的人，每年農曆八月十三，供奉這位廚師菩薩，也是當地收徒拜師、出師謝師的好日子。

　　廚師在中華民族的歷史上，從伊尹拜相的高官（三千多年前），歷經家廚、家奴的年代，如今這三十年間才是廚師最大的變化，從家貧、不愛唸書的小孩，到上市上櫃的大老闆，小學、國中畢業到碩士、博士的學術地位。

　　傳統技藝，口耳相傳，只憑經驗，而無數據，如今科技發達，大部分皆可以數據來印證與保存，但中國菜還是保留許多不可思議的經驗傳承，是無法用科技來計算的。廚師劇場是希望透過這樣的一個平台，去看看台灣的中國菜，與中國的中國菜不同之處，由這些有廚德、廚藝的廚師來詮釋，說清楚，道明白，做菜到底是怎麼一回事？

何謂北方菜？

中華民族的範圍太大了，台灣是南方亞熱帶，在台灣的觀點來看，北方菜指的大概是山東、河南、河北，河北包括北京、天津、陝西等，東北、西北則是更廣泛的地方了。北方以「粉食為主，粒食為輔」，粉食及麥子文化與其他的粟（小米）等雜糧共食。我們的老祖宗最早皆為粒食，穀物的原生樣是帶穀的，麥與粟米，容易保存，但並不好吃，直到先民發明了去殼加工為粉食的石磨，我們才能吃到現代如此精彩麵粉所做的食物。

1949 年之後來的北方人，無論是山東、河南、河北，在台灣見面聊起來，皆稱「大老鄉」，因為飲食的習慣，有了包子、饅頭、麵條、餅，就不吃飯了，而有了餃子，前面的都可以拋棄了，這才有北方人的共識「舒服莫過倒著，好吃莫過餃子」的說法。

一般的北方人在平常吃飯時，很簡單，有個饅頭，配個大蔥、醬，一些鹹菜，再來一鍋小米粥或玉米粥（碾碎的玉米），一碗手擀麵條，有個西紅柿雞蛋打滷，左手拿著像臉一樣大的碗，右手拿著筷子，無名指還夾著一根如同水管粗的章丘大蔥，呼嚕嚕，一口麵、一口大蔥，連個菜都無須配。至於吃餃子，那是過年、過節的時候，或是家裡來了賓客，包個餃子，弄兩三樣下酒菜，就是很鄭重的接待了。

筆者父親隻身一人來到台灣，娶妻生子，從我記事起，每年的大年初一清晨，一定先包餃子，母親和麵、

● 章丘大蔥，亦可生吃，滋味清甜、脆嫩可口。

盤餡、擀皮，父子兩人包，包好了，得先祭祖，祭祖後才吃早餐，吃的就是餃子，蘸的是醋與蒜、辣椒調的醬，這時候老父親倒上一杯酒會説：「餃子配酒，越吃越有」，象徵這一年就有了好兆頭的開始。然而北方菜與南方菜的不同，主要也是地方產物的原因，山東的大蔥多汁，完全沒有辛辣味，生吃、炒菜皆佳，冬天的大白菜、蘿蔔，溫度低，甘甜，如同台灣的高山青菜，善用醬、溜的技法，鍋塌的炒法，拔絲的運用，皆為他省所沒有。

天子腳下的北京，在唸書的年代，教科書上還是叫北平，如今成了北京，所以京菜多為小吃，大菜則為外來，皇上要吃的當然是四面八方來的菜，當時山東人在北京當官的很多，魯菜就成為大宗了。河南即「豫菜」，小吃、麵食與其他北方菜大同小異，若在台灣問河南菜是什麼？大概沒人説得出來，連河南老鄉都茫茫然。

然而北方菜不盡然都是小吃麵食，當官的大菜就極為奢侈且講究了，山東的孔府菜最能代表，而魯菜的吊湯傳到南方，才形成了如今粵菜的湯。我們這本書談的北方菜，是以台灣廚師的記憶與傳承來做的，雖然這一切皆源自中國大陸，但經過這七十多年，已是不同風貌的呈現。大陸已故的歷史學家唐振常老師説：「任何一幫菜，離本土，入他鄉，必間入當地口味，這是飲食文化出入的必然！」

CONTENTS
目錄

CHAPTER 1

冷菜

冷菜做法很多變化，通常是第一道菜入席，
講究擺盤裝飾，引發食慾。以清涼爽口為主
要特色。

冷菜的藝術

冷菜也叫前菜，西餐則叫開胃菜，此名是有其道理的，因為是上熱菜前喝酒、開胃的菜品，所以皆事先預製，客人一點很快就能上桌。我們無論到餐館或在家吃飯，均是先出冷菜，再出熱菜。

中國傳統筵席菜——冷菜，都有它獨有的稱呼，無論是單碟：一種食材、雙拼：兩種食材，一葷一素、三鑲：三種食材、四配：兩葷兩素、五福：五種冷菜，命名有吉祥之意。然而現代的拼盤已不太講究，台灣身處日、洋的交匯影響，所以出現了生魚片、龍蝦、黑豆、生菜沙拉等的組合呈現，只重視視覺效果，忽略了菜的口味，食材的葷、素搭配，以及技法的平衡。

來說一個典故：唐朝詩人王維，官至尚書右丞，晚年居住藍田輞川，他在此建別墅，過著亦官亦隱的生活，並以輞川 20 景為題材，繪成了被歷代畫家評為南宗之祖的代表作「輞川圖」。五代時的比丘尼梵正，擅長烹飪，她非常喜愛王維的詩畫，有天她宴請 20 位賓客，突發奇想的以王維的輞川圖為構思，做了 20 個景的 20 道冷盤，每位賓客的一道菜便是一個圖樣，合併後就成了 20 景的輞川圖別墅樣，山水閣樓俱全，北宋《清異錄》記載：「比丘尼梵正，庖製精巧，用鮓、臇、膾、脯、醢、醬、瓜、蔬，黃赤雜色，鬥成景物，若坐及二十人，則人裝一景，合成輞川圖小樣。」（鮓：醃魚，臇：燉肉，膾：肉絲、魚絲，醢：漬菜、肉醬，黃赤雜色：各色蔬果。）

這段說的是梵正這位尼姑，將繪畫藝術與烹飪技藝巧妙的結合，不用說這是一千多年前的事，到了現今也尚未見到這樣的廚藝表現，看看我們的先人，有多少的智慧，而我們卻忘了。

拌白菜心

飲食的大學問，並不是在吃多貴的食材、多豪華的裝潢、多奢侈的器皿，而是在對的時間、對的地點、對的人，吃到對的食物。

這道拌白菜心在北方菜的館子裡，是非常簡單的一道冷菜，早年在北方館必備，不一定是賣，而是當成了「敬菜」，以現代說法，就是招待菜，若是熟客、常客，店家便會主動免費招待小菜，但北方說的是敬菜，多好的規矩，這樣的說法與做法卻消失了。

由古說今，深談大白菜之名

一盤便宜又好吃的拌白菜心，在現今不但沒當成敬菜招待，就是有賣這道菜的館子也是做的糟透了，大白菜沒有入味，與調味是分開的感覺。《埤雅》中說：「菘性淡，冬不凋，四季常見，有松之操，故其字會意。」大白菜古稱「菘」，菘這種蔬菜，口味淡，四季皆有，冬天也不凋萎，它像松（發音）樹一樣耐寒，所謂「會意」，即兩個字合成另一字，菘即「艹」（草本蔬菜）與松的合字，就成了大白菜的古字，多美。

有大白菜就有小白菜，而大白菜是中國的原生
種，在 17 世紀時，傳到歐洲，所以英文叫「Chinese
Head Cabbage」，中國的包頭菜，也就是我們常
講的「包心白菜」，特別是台語保留了這樣的唸法，但
台灣很少稱大白菜為菘了，而日本的唐朝文化則保留菘
的叫法。

明朝李時珍的《本草綱目》，菜部第 26 卷，菘：「燕
京圃人，又以馬糞入窖壅培，不見風日，長出苗葉皆嫩黃
色，脆美無澤，謂之黃芽白。」所以大白菜又叫「黃芽白」是
這樣來的，而且只有北京人才這樣稱呼，並不是所有的大白菜都
叫黃芽白，得是北京的農人以溫室如同栽種韭黃的方式種出來的才叫黃
芽白。

拌白菜心並不難做，只是肯不肯用心做

蘇易簡，為宋太宗欽定進士第一名，官至翰林學士承旨，相當於現
在的行政院長職務，他有個外號叫蘇味道，也叫冰壺先生。宋太宗問蘇
易簡：「食品稱珍，何物為最？」蘇易簡回曰：「食無定味，適口者珍，
臣心知虀汁美。」宋太宗又問他為什麼認為虀汁是最好吃的東西？蘇回
曰：「臣一夕酷寒，擁爐燒酒，痛飲大醉，擁以重衾。忽醒，渴甚，乘
月中庭，見殘雪中覆有虀盎。不暇呼童，掬雪盥手，滿飲數缶。臣此時
自謂上界仙廚，鸞脯鳳脂，殆恐不及。屢欲作《冰壺先生傳》記其事，
未暇。」誰説古文不好，短短的幾句話，説出了「食無定味，適口者珍」
的千年名言，這段話以現在來解釋，喝的大醉，醒了，口乾舌燥，最好
的醒酒飲料，就是冰鎮的酸味飲品，而虀汁就是醃大白菜的泡菜水，飲
食的大學問，並不是在吃多貴的食材、多豪華的裝潢、多奢侈的器皿，
而是在對的時間、對的地點、對的人，吃到對的食物。

挑好的冬、春山東大白菜，不用葉取其莖，切細絲、醃鹽，靜置一
小時，沖掉醃味，另拌鹽、糖、白胡椒、醋、麻油，但一定要加入煸香
的開陽（蝦米），剁碎合拌，若不喜歡麻油，可加入適量橄欖油，更佳。
現今館子拌的不入味，是拌的太快了，又少了開陽的鮮，結果多是貌合
神離的拌白菜心。

大廚 教你做

拌白菜心的重點就是加入煸炒後的開陽
（蝦米），讓吃來爽口的白菜，鮮味十
足，更加入味。

● 食材

大白菜 1 顆、開陽 50g、蒜頭 5g、蒜苗 10g、香菜 5g、紅辣椒 10g、香吉士 1 粒、
大黃瓜 50g

● 佐料

鹽 3g、糖 2g、胡椒粉 0.1g、白醋 2g、香油 5g

• **做法**

1. 大白菜剝去老葉選擇菜心淡黃色部分，切絲後醃鹽，接著洗淨瀝乾水分備用。

2. 將開陽洗淨後，以小火煸炒出香味後起鍋，待冷再切碎狀。

3. 蒜頭切碎，蒜苗切絲，再取5g紅辣椒切絲，加入備好的白菜心與開陽，添加胡椒粉、糖、香油、白醋後一起拌均勻。

4. 香菜挑葉瓣做裝飾，香菜梗與做法3一起拌勻，才會入味。

5. 最後以香吉士、大黃瓜、紅辣椒切薄片做盤飾即完成。

TIPS 建議選擇山東大白菜，食材鮮甜、冬春季才有生產。若是一般大白菜一年四季皆生產，價格較便宜、鮮甜度較於山東大白菜遜色。

雞絲拉皮、素拉皮

拉皮又稱為「粉皮」，既可當小吃，亦可當涼菜，成本便宜，做法也相當簡單。

上網查詢「拉皮」的結果都是拉臉皮的醫療資料，然而在北方菜的館子，都有這道菜，回教的素拉皮、雞絲拉皮，東北館子的大拉皮，北京餐廳的炒肉絲拉皮，在台灣的餐廳都快絕跡了，大陸學者唐振常教授，在 1999 年出了本談中國飲食文化的散文，第一篇文章〈飲食文化退化論〉，論述大陸的餐飲文化衝擊說：「京幫菜有道物美價廉的涼菜，雞絲拉皮都絕跡了，是沒有芥末醬？還是沒有了粉皮？」粉皮即涼粉，也就是館子說的拉皮，有乾的、有濕的，用的是綠豆粉，或土豆（馬鈴薯）粉、木薯粉，皆可做，既可當小吃，亦可當涼菜，成本便宜，做法簡單。

回教館子做的是素拉皮，或加雞絲的雞絲拉皮，絕不會出現炒肉絲拉皮，那是回民的大忌，而在作家唐魯孫的記憶裡，北京東安市場內的潤明樓，拉皮是自家手工做的，做的是晶瑩剔透、渾然如玉，吃到嘴裡滑

溜中帶著勁道，薄、厚、寬、窄，皆可請堂倌吩咐灶上做，這是他吃過最好吃的拉皮。如今台灣的市場提供一種乾的拉皮，需自行發開，再改刀，另一種是疊起來、濕的涼皮，只能切寬細，早期尚有淡綠色的新鮮涼皮，好看，但那是加了食用色素。

拌拉皮的靈魂醬料：芝麻醬與芥末

拌拉皮需有好的芝麻醬與芥末，芥末醬不是日本料理用的山葵醬，其實中國已用了兩千多年的芥末，是十字花科植物芥菜的種子，也就是芥菜子研磨而成的，而芥菜的花蕊就是做衝菜的食材，在台灣的冬天菜市場，偶爾會見到一小罐的衝菜，因為冬天芥菜盛產時才會有花蕊可摘，可這也快消失了。

芝麻醬，就是胡麻，源自漢代張騫通西域時所帶回，有白、黑兩種，芝麻醬一般用的是白芝麻，經炒製過，磨碎就成了芝麻醬。台灣北港地區的芝麻醬做的非常好，通常麻油好，芝麻醬就能做的濃厚、香醇，但芝麻醬也是少量食用即可，因為芝麻是出油比例很高的植物，含油量太高。

開胃涼菜簡單做、簡單吃，即珍饈

若論這兩道菜的喜好，素拉皮更甚，因為雞絲拉皮的雞絲實在不好吃，乾乾柴柴的，而炒肉絲拉皮，就要選好的裡脊部位肉絲來炒，略微入味即可。素拉皮除了芝麻醬略油些，加上些翠綠的小黃瓜、紅蘿蔔絲、黃的蛋絲，淋上調和的麻醬、蒜末，以及好的醬油、麻油，再帶些醋，加點芥末醬一拌，花花綠綠的，就是好看、好吃又營養的一道開胃菜。

不禁回想起 1989 年第一次到中國大陸，在南京的街頭，小販挑著擔子，一大塊圓形涼粉，大概有 10 公分厚，直徑 20 公分的大小，一手拿個特殊的璇子，轉一圈，一碗涼粉就出來了。淋上的醬油、麻油、醋、白芝麻、花生碎、紅油、花椒油、味精等調味料，一碗五毛錢，到了成都也一樣，但調味料卻更多了，不過這不是菜，就像是台灣的涼丸一樣，是盛夏的點心小吃。

拉皮口感細膩、有嚼勁，搭配紅蘿蔔、黃瓜、雞蛋或者雞肉絲，淋上麻醬、醬油和醋，開胃又爽口。

雞絲拉皮

- **食材**

綠豆粉皮 200g、雞胸肉 60g、小黃瓜 50g、紅蘿蔔 10g、蒜頭 5g

● 佐料

糖 10g、白醋 10g、醬油膏 20g、芝麻醬 50g、芥末醬 20g、香油 5g

● 做法

1. 取綠豆粉皮切1.5～2公分寬的條片狀，汆燙過瀝乾拌少許香油，以免沾黏成整團。
2. 芝麻醬加約100g冷開水、蒜頭及醬油膏、糖、白醋、香油一起打成芝麻醬汁，芥末醬另以小盅裝盛。
3. 雞胸肉煮熟待冷，冷卻後用手剝成絲狀。
4. 將小黃瓜、紅蘿蔔切絲後，排放於盤底，接著鋪上粉皮，最上面再擺上雞絲，搭配芝麻醬汁與芥末醬食用。

素拉皮

● 食材

綠豆粉皮 200g、小黃瓜 50g、紅蘿蔔 10g、雞蛋 35g、蒜頭 5g

● 佐料

糖 10g、白醋 10g、醬油膏 20g、芝麻醬 50g、芥末醬 20g、香油 5g

● 做法

1. 綠豆粉皮做法、芝麻醬汁調製方式與雞絲拉皮的做法1、2相同。
2. 取雞蛋打成蛋液，以小火雙面慢煎，煎熟後待冷卻，再切成絲狀即可。
3. 將小黃瓜、紅蘿蔔切絲後，排放於盤底，接著鋪上粉皮，最上面再擺上雞蛋絲，搭配芝麻醬汁與芥末醬食用。

TIPS 若不喜歡生紅蘿蔔的味道，也可煮熟後再切成絲。
芝麻醬汁依個人喜好調配，喜歡味道濃稠，冷開水分量可減少。

燻雞拌黃瓜

傍晚到黃昏市場買一隻現烤的燒雞，吃不完，放到冰箱裡，隔兩天撕一撕，再拍個黃瓜一拌，就是一道美味的家常菜。

燻雞不燻實為滷雞，燻的做法太麻煩，但在菜式的叫法還是叫燻雞，都是先滷或蒸、炸入味後再燻，有的用樹枝燻，荔枝樹、龍眼樹皆可，也有用糖燻，或用茶葉燻，在北方有名的是山東德州的扒雞、河南的道口燒雞，說穿了，都是滷雞。

楚國屈原的招魂有露雞，文學家郭沫若說露雞是滷雞，而《齊民要術》又稱「腤雞」，是指蘸滷汁吃的雞，隋代謝諷的《食經》提到「剔縷雞」，吃的也是熟雞絲，這些歷史的記載都說滷雞是蘸著滷汁吃，而且是手撕的。

這道燻雞拌黃瓜是仿古之風，館子裡一直以來也不用刀切，而是手撕的做法，另外食材的選擇也很重要，滷雞與燉湯的雞是不一樣，滷雞要的是身強力壯年輕的小公雞，而燉湯就是風味猶存的母雞。

燻雞拌黃瓜的另一位主角就是黃瓜，在《京師竹枝詞》裡如此形容小黃瓜：「初見比人參，小小如簪值數金。」早年溫室栽培少見時，在冬天的時候，小黃瓜一條值一兩銀子那麼貴，在北京非豪門大戶、高官是吃不起的，作家唐魯孫先生在回憶北京的日子裡，也特別提到小黃瓜在冬天的價值。然而有小黃瓜就有大黃瓜，原產地為印度，是漢代張騫通西域時帶回之物，所以通稱「胡瓜」，在台灣的叫法，大黃瓜是叫刺瓜仔（台語），因為長而有些突起物，如刺狀，小黃瓜亦同，在盛產期，過剩的大黃瓜都會醃製醬瓜，小黃瓜醃製的叫花瓜，也就是我們早餐配粥的醬瓜。

說到這裡，不知道有沒有人想過，小黃瓜為什麼是綠色的？而不是黃色的？明朝朱國禎《湧幢小品》：「黃色而形類越國者，本名胡瓜，晉永嘉後，五胡亂中原，石勒僭號於襄國，諱胡尤峻，因改為黃瓜。」這裡指的是東晉末年，五胡亂華，石勒是羯族人，建立後趙之國，他很

忌諱中原人叫他胡人，胡字皆改，從此胡瓜成了黃瓜，這是改名的
由來，但為何不改為綠瓜而叫黃瓜呢？

滷雞的訣竅：炒香

　　滷雞有很多做法，有先醃、再炸、蒸、再滷、再燻，挑個小土雞就能
做好，重要的是滷包，滷料有花椒、八角、草果、桂皮、陳皮、丁香、小
茴香、甘草、白芷、三奈、白胡椒粒，但在放滷包前，一定要先炒香：蔥、
薑、蒜、辣椒、辣豆瓣醬、醬油、米酒、糖、胡椒粉，炒香這些佐料後再與
滷包入鍋，放入小土雞同滷。

　　小土雞易入味，滷個 20 分鐘，再浸泡 10～20 分鐘，滷雞就完成了，放涼後再冰鎮，
就可以拌小黃瓜，記得雞在滷之前要先汆燙去雜質。小黃瓜一樣要先醃製，雞是手撕的，那
小黃瓜就要用拍的，而不是切，拍的小黃瓜易入味，型體也搭手撕的雞肉，小黃瓜與雞絲合
拌，必然要以原滷汁再調味後淋上，喜歡酸，多放點醋，喜歡甜，就多放點糖，既然是北方菜，
放些大蒜更是理所當然的。

　　在台灣很多市場的燒雞做的非常好，傍晚到黃昏
市場買一隻現烤的燒雞，吃不完，放到冰箱
裡，隔兩天，撕一撕，再拍個黃瓜一
拌，這才是燻雞拌黃瓜的由來。

美味的燻雞是用滷的，備好滷料、滷包以及重要的炒香食材：蔥、薑、蒜、辣椒……為這道涼拌菜增添更豐厚的香氣。

● **食材**

小土雞 1 隻、大黃瓜 50g、小黃瓜 200g、香菜 5g

● **佐料**

鹽 0.1g、糖 10g、胡椒粉 1g、醬油 300g、米酒 100g、香油 20g、辣豆瓣醬 100g 番茄醬 100g、蔥 30g、薑 30g、蒜頭 20g、紅辣椒 10g

● **滷包**

花椒 3g、八角 5g、草菓 2 粒、桂皮 10g、陳皮 10g、丁香 2g、小茴香 1g、甘草 5g、白芷 5g、三奈 10g、胡椒粒 10g、滷包袋 1 個

● **做法**

1. 除了胡椒粉與鹽外，其他佐料依序入鍋炒出香氣後加水及滷包（水量需可完全蓋過全雞），待滷汁水滾後放入土雞，以小火煮20分鐘後，再關火燜10分鐘。土雞在滷之前可先汆燙一次去雜質。

2. 常溫待土雞冷卻或放入冰箱皆可，接著去骨後用手將雞肉撥成塊狀。

3. 取些許滷汁添加胡椒粉、鹽調製醬汁備用。

4. 大黃瓜去皮、去內籽切段狀，小黃瓜則用刀背拍破後切成段狀，長度盡量一致，再淋上做法3的醬汁，放置盤底。

5. 在小黃瓜上面鋪上雞肉絲與香菜裝飾即可。吃的時候可以合拌，讓醬汁完全巴附在食材上。

滷包材料

滷料是製作滷菜的調料，一般多是使用中藥香料，通常具有濃烈的芳香味，可以去除原食材的腥膻味，並且提高食材的香氣。取得並不困難，可以至中藥行、雜糧行等，均有販售。

草菓

丁香

八角

白芷

陳皮

小茴香

甘草

花椒

胡椒粒

三奈

桂皮

涼拌海參

俗稱「海茄子」的海參，平時以過濾沙子中的雜質為食，是海裡的清道夫。其本身的香氣與味道單薄，但口感軟滑、爽口，多用於煮湯或涼菜。

大文豪梁實秋先生在他的《雅舍談吃》這本小品裡談到海參的吃法，一般都是燒來吃，無論是紅燒大烏參、酸辣海參、蔥燒刺參，都是燒法，或燴，不會出現炸的海參，或是乾炒海參。在他家裡夏天的做法是涼拌，海參先發好，再汆燙後，切成細絲，越細越好，接著冰鎮，調一碗三合油（北方人的說法，醬油、麻油、醋的調合），一小碟蒜泥、一小碗稀釋到濃稠適宜的芝麻醬，要上桌時，將這些佐料與海參絲拌勻，既涼也香，他說比肉絲拉皮好吃多了。

三國時代，吳國，沈瑩的《臨海水土異物誌》云：「土肉，正黑色，如小兒臂，長五吋，中有腹，無口，自有三十足，大如釵股，中食。」這是1500年前形容的海參，而很多地方卻是不吃此物的，可能是看起來很醜，又不知道怎麼吃。

山東濰縣，醫語：「參益人，沙、玄，苦參各異，然皆補，海參

得名，亦以能溫補也，人以腎為海，此物生北海鹹水
中，色又黑，以滋腎水，生於土者為人參，生於
海者為海參，故海參以遼寧海產者為良，人參
像人，海參尤像男子勢，力不再參下。」這
段話是山東濰縣的一位醫生說的，海參是
好的補品，而最好的就是遼東灣出產的遼
參，甚至海參比人參還要好，是不是真
的如此？但在山東的頂級刺參確實是比
一般的人參貴多了。

海參如何吃？先了解怎麼「發」

海參是無脊椎的棘皮動物，也是海裡的
清道夫，遇到敵人時，會將內臟吐出來嚇牠的
敵人，後果可能還是會被吃掉。現在市場都是發
好的，不便宜，比茄子粗，俗稱「海茄子」，建議如
果想吃，還是自己買乾貨回來發，市場發的從一條約十公
分大小可發到二十幾公分長，4～5公分寬，都是用藥物發脹的，
少吃為妙。

自己發海參並不難，水發則是很簡單，就是花時間。第一次加水煮
開，加蓋，燜至水冷，第二次換冷水，並剪開海參腹部，煮開後，加蓋
燜至水冷。第三次先清洗海參內臟，在水龍頭下沖洗，清洗掉附著的泥
沙，第四次再換新冷水煮開並加蓋燜至水冷，此時可檢查看看是否發脹
完成，如不完整，可依此順序，再煮1～2次，直到發脹完成，但不可
發過頭，容易變得太爛，而無應有的嚼勁。

梁實秋家裡的做法是切絲，如果作為酒席的涼菜就不合適，此時海
參已熟，氽燙後，切厚片、冰鎮、瀝乾，接著調味：醬油、鹽、糖、醋、
胡椒粉，喜歡辣可加些辣豆瓣醬、辣油亦可，喜歡酸的，多添些醋，最
後在北方一定會加些香油或幾滴麻油，如果剛好有初榨的橄欖油，不妨
多放一些吧！拌海參就用一般的海參即可，如果用刺參就可惜了，海參
與刺參，那可差別大了。

炎炎夏日，極適合這道鮮爽有嚼勁的冷菜，做法簡單，只要注意發海參的時間，以醬油、醋、辣豆瓣醬等調和拌勻即能享用。

● **食材**

海參 300g、洋菇 20g、薑 3g、蒜頭 3g、紅辣椒 2g、蒜苗 20g、香吉士 1 粒、小黃瓜 50g、大黃瓜 5g

● **佐料**

鹽 0.5g、糖 2g、胡椒粉 0.1g、醬油 10g、白醋 10g、香油 5g、辣豆瓣醬 10g

● **做法**

1. 取海參切厚片，長約6公分，寬約0.5～1公分，洋菇切片約0.2～0.3公分，兩者汆燙後撈起，泡在冰水中，可以增加脆度，接著瀝乾備用。
2. 蒜頭切碎；薑、紅辣椒、蒜苗切絲，加入做法1及全部佐料一起拌均勻。
3. 大黃瓜、小黃瓜、香吉士切薄片擺盤即完成。

涼拌海蜇皮、炒海蜇頭

在台灣海蜇幾乎都是涼拌，用的都是蜇皮，蜇頭很少用，早期在北方館還有熱炒的海蜇，是很好的下酒菜，然而現在的廚師、餐廳老闆大概都沒聽過。

海蜇本是無味之物，即便發的脆嫩易嚼，亦無味，關鍵在於佐料之精與調味得當，海蜇是被認為可葷可素之物，清朝某家請私塾師，老師除了束脩，只要求每日有葷食，這位東翁（家長）每天的菜就是海蜇，幾天後老師忍不住寫了首押韻的詩句：「食之無味，嚼之有聲，你不以為素，我不以為葷。」隔天就不來了。晉，張華《博物誌》説：「東海有物，狀如凝血，廣數尺，周正圓，名曰『水母』，無頭目，所處則眾蝦附之，隨其東西南北，可煮食之。」這是中國人最早吃海蜇的歷史記錄，距今約 1800 年前。

水母，乾的叫海蜇，海蜇又分為「海蜇皮」，就是上部如傘蓋部分，一般都切成絲涼拌，下部為口腕，一般通稱「蜇頭」，最下面腰足部位則有毒，是不可食用，常常聽到有人在海邊玩時，被水母螫了，輕則痛幾天，重的會致命。早年資訊不發達時代，特別是偏僻的漁村，漁民抓到水母，不知道如何烹調，就丟入鍋裡煮來吃，一大堆的水母，煮著煮著最後剩一鍋水了，因為海蜇含水量很高，不會處理的，一開始如同橡皮一樣咬不動，最後卻不見了。

然而水母很多，多到讓漁民恨牠，這幾十年的地球暖化，尤其是日本，造成很多地方水母氾濫，漁民打不到魚，也因為數量多，海蜇就成了很便宜的海味了。在市面上沒有新鮮的，通常都是乾貨，水母一打撈，離水須馬上以明礬醃漬，迅速脫水，稱之「頭礬」，然後一定要洗淨明礬，再次用明礬醃漬，這時水母已成透明塊狀的，稱之「二礬」，然後再洗淨明礬，用食鹽醃漬，稱「三礬」，這才是市場上賣的乾海蜇。

吃海蜇像嚼橡皮筋？

宋朝，俞琰的〈詠海蜇〉，其蜇字寫成「𩶾」，如今不用此字，其原文如下：「以蝦為目，來自水母宮，堆盤凝凍結，停箸便消融，瑩絮玻璃白，斑斕瑪瑙紅，酒邊嚐此味，牙頰響秋風。」前面說的是水母的習性，可食用的水母是半透明的白色，與瑪瑙般棕色透明的，並不是水母皆可食用，最後說的是下酒菜與嚼的聲音。

在台灣海蜇幾乎都是涼拌，用的都是蜇皮，蜇頭很少用，有的廚師也不會發脹，不是太爛，就是像嚼橡皮筋。早期在北方館還有熱炒的海蜇，是很好的下酒菜，現在的廚師、餐廳老闆大概都沒聽過。來介紹兩道海蜇的菜，一道是「涼拌海蜇皮」，另一道是「炒海蜇頭」，先是發海蜇，蜇皮切 0.3 ～ 0.5 公分汆燙，撈起，放入盆內，以最小的水滴流 6 個小時，發好，此時蜇皮或蜇頭已熟，適中的軟硬，但是無味。接著取海蜇切絲，來點蒜末、鹽、醋、糖少許，主要的是香菜、辣椒絲與蔥絲，帶點白胡椒粉，合拌後淋點香油，橄欖油更佳，就完成涼拌海蜇皮。

而熱炒海蜇，用的是蜇頭，刀工就很重要，如同切魷魚花刀，調味料是本味，僅鹽而已，重點是蜇頭在炒鍋內的時間以秒計算的，時間一長，蜇頭就咬不動了，再繼續炒下去，蜇頭就沒了。說個趣事：有一位剛進餐飲這行業的副總經理，很認真、負責，每天下班時都會巡視廚房，看看水、電、瓦斯是否關好，一天他看到砧板旁的水槽裡的水龍頭沒關好，一直在滴水，心裡嘀咕了一下，就順手把水關掉，結果第二天就沒有海蜇可用了……。

涼拌海蜇皮只要備料齊全，將食材與調味料拌勻入味就很好吃！而炒海蜇頭則要小心不要炒過頭，帶著香菜與蔥絲的香氣，非常適合當下酒菜。

涼拌海蜇皮

● 食材

海蜇皮 150g、薑 3g、蒜頭 3g、紅辣椒 1 條、紅、白蘿蔔（絲）各 50g、香菜 2g、香吉士 1 粒、大黃瓜 50g、小黃瓜 10g

● 佐料

鹽 5g、糖 10g、胡椒粉 0.1g、白醋 10g、香油 10g

● 做法

1. 海蜇皮切 0.3 ～ 0.5 公分，入滾水汆燙後撈起，放入水盆內，用極小的水流發脹 6 小時後，再撈起擰乾水分。
2. 紅、白蘿蔔切絲，加鹽醃製，待軟化後洗淨，再擰乾水分。
3. 蒜頭切細碎，薑切絲，取紅辣椒，1/2 切絲、1/2 盤飾，香菜挑葉瓣使用。接著加入海蜇皮與紅、白蘿蔔絲，以及全部佐料一起拌勻。
4. 香吉士、大黃瓜、小黃瓜、紅辣椒切薄片做盤飾。

炒海蜇頭

● 食材

海蜇頭 200g、蔥 3g、薑 3g、蒜頭 3g、紅辣椒 1 條、香菜 5g

● 佐料

鹽 1g、糖 10g、胡椒粉 0.1g、白醋 10g、香油 10g

● 做法

1. 海蜇頭發脹方式與海蜇皮相同，發脹好的海蜇頭用手剝或者刀切小塊皆可。
2. 將蒜頭切細碎，蔥、薑及紅辣椒切絲，香菜挑葉瓣、葉梗備用。接著取一空碗將佐料混合均勻。
3. 把海蜇頭放入熱油鍋，瞬間爆油後，馬上過濾多餘的油，緊接著加入做法 2 的佐料醬汁，以及蔥、薑、蒜頭、辣椒絲，入鍋快速拌炒即可起鍋。

TIPS 海蜇皮與海蜇頭兩種食材處理發脹方式是一樣的，建議同步處理，節省時間。注意炒蜇頭不可過久，以免影響口感。

醬牛肉、牛肉捲餅

以「醬」來滷，無論是滷牛腱、牛肚、蹄膀，這些厚實的肉類，滷的時間並不需要太長，但滷好後，須浸置的時間就要久一些，才能入味。

北方菜的醬牛肉就是滷牛肉，為什麼用「醬」字，因為是醬油滷的，最早以前還是以醬來滷，先有醬，才從製醬中提煉出清醬油，在北京最有名的是「天福號醬肘子」，今年元月去北京大柵欄天福號本店，友人說一定要買一個醬肘子（滷蹄膀）嘗嘗，百年老店怎可以錯過？回到台灣，開封嘗了，軟、爛、鹹、香，這是當初唐魯孫先生的記憶，以現代人而言，太鹹了，實在不怎麼樣，價格卻是非常的不親民……回頭來談醬牛肉吧，北京天福號的前面有家「月盛齋醬牛肉」也是百年老店，可惜沒開門。說起滷菜必先有鍋「好滷」，新滷是需要些雞、豬的犧牲，才能變成老滷，中國各地的滷法不同，北方滷味，中藥材用的不多，比較保持原味，滷包的成分還是少不了八角、花椒、草果、桂皮、陳皮、甘草等，但需要瓶好醬油，酒、蔥、薑、辣椒都是去腥提香用的。

滷菜，葷、素是要分開，先滷葷，葷的滷汁再分出滷豆乾、蛋類，滷完海帶，那滷湯也就「壽終正寢」了，滷大腸更需要單獨滷，而且腸子的處理，一定要乾淨，腸子有油花，但不能太多，腸子處理不乾淨，就是一鍋臭味了。河南也有白滷，滷包內容大概差不多，就是醬油換成鹽。無論是滷牛腱、牛肚、蹄膀，這些厚實的肉類，滷的時間並不需要太長，但滷好後，須浸置的時間就要久一些，才能入味，至於鹹、淡看個人喜好與需求，不蘸醬就滷重一點，做拌菜、過橋、帶醬汁就不用太鹹了。

消失的醬牛肉

　　滷菜的香味，很誘人，更誘狗，筆者家裡養了一隻黃金獵犬，平常安靜乖巧。有天，滷了五個牛腱，一個豬頭肉，切成四大塊，滷好後放涼，先睡個午覺去，睡醒要收滷菜，奇怪？怎麼少了三個牛腱，只剩一塊豬頭肉，問女兒，女兒一頭霧水，再去看看狗狗，狗狗躺在自己的窩裡，我問是不是你偷吃了，因為從沒發生過，牠一直用狗眼瞄我，不敢正眼看，但是肚子鼓的很大，又一直喝水，當天餵牠吃晚飯時，看都不看一眼狗飼料，直到下個月我又滷菜，放涼的時候，我和女兒在家，只是一轉眼，牠就一口咬了一個牛腱子，偷吃就是牠，當場活逮。

　　這人狗都擋不住的滷菜做法也不難，滷牛腱更是好用，夏天滷一些，搭麵配粥、夾饅頭、吐司烤一烤，夾幾片也是一餐，外國人更愛，每每請外國來的朋友時，他們都會問這是牛肉嗎？這是牛的哪個部位呢？這麼軟嫩，此時我拍拍大腿說：「這是你們不吃，做成狗罐頭的部位啦！」現在在美國買牛腱子，還是很便宜，應該是習慣不同，他們比較不會處理腱子肉。

如果拌來吃，牛腱子不要
滷的太鹹，切薄片，香菜切大
概 3～4 公分，紅辣椒絲、
蔥絲、麻辣油、調些滷湯
原汁或好醬油、橄欖油
一起合拌，家裡若有
油炒花生米，丟一些
下去，有其他滷菜、
牛肚、豬耳朵都可一
起拌，喜歡酸味的，
再淋些山西老陳醋，
這是自家私房菜，不妨
試試。另外一種吃法是
「牛肉捲餅」，最好是乾
烙的餅，蔥一定要洗乾淨，
蔥白多放些，調製好的醬，喜歡
辣的再淋一些辣油，一捲，就成了。

大廚 教你做

滷好的牛腱子肉，只要切薄片，蘸點醬汁就很美味，拌點麵搭配，
或是夾饅頭、家常餅就是可口的一餐。

醬牛肉

● **食材**

牛腱 1 條、紅、白蘿蔔泡菜各 60g、大黃瓜 30g、香菜 3g、蔥 60g

● 佐料

糖 10g、胡椒粉 0.5g、醬油 300g、米酒 100g、香油 20g、番茄醬 100g、辣豆瓣醬 100g、滷包袋 1 個（滷料請參考 P.26）、蔥 30g、薑 30g、蒜頭 20g、紅辣椒 10g

● 蘸醬

蔥、蒜頭、紅辣椒碎末少許、醬油 10g、滷汁 30g、香油 10g

● 做法

1. 蔥、薑、蒜頭、紅辣椒、糖、胡椒粉、番茄醬、辣豆瓣醬、米酒、香油入鍋炒出香氣後加水（水量需蓋過牛腱的3倍量）、醬油及滷包煮滾，滷汁滾後放入牛腱，以小火煮70分鐘後關火，再燜20分鐘即完成。牛腱滷之前可先汆燙一次去雜質。

2. 滷好的牛腱切成薄片擺於盤中，建議牛腱可先冷藏後再切薄片口感較佳。

3. 搭配紅、白蘿蔔泡菜，將紅、白蘿蔔切菱形丁，以鹽醃製1小時，洗淨後加入糖醋汁（1:1）醃到隔夜較入味。

4. 香菜挑葉瓣裝飾、大黃瓜切片做盤飾，即完成醬牛肉。取蔥、蒜頭、紅辣椒碎末少許、醬油、滷汁、香油拌勻，即完成蘸醬。（不加滷汁，醬油量可多，依個人喜好）

牛肉捲餅

● 食材

滷牛腱薄片 6～7 片、家常餅 1 張、西芹葉 20g、紅番茄 10g、香菜 3g、黃瓜條 50g、蔥絲少許

● 佐料

甜麵醬 20g

● 做法

1. 取一張家常餅，抹上甜麵醬，依序鋪上牛腱薄片、小黃瓜條、蔥絲後捲緊。

2. 切開牛肉捲的刀法沒有限制，再用西芹葉、香菜、紅番茄做裝飾。甜麵醬畫盤，中西並用。

蘸醬菜

這一道蘸醬菜，可以是純素食，隨自己的喜好與季節的蔬菜來搭配，小黃瓜、紅蘿蔔、彩椒、茭白筍、蘆筍等等，能吃到新鮮爽口的食材原味。

　　這是道東北菜，也可叫中式生菜沙拉，既然是生菜沙拉，主角是生菜與沙拉醬，這幾十年來，大家都知道沙拉醬，因為西餐吃多了，而中國人的醬，卻搞不清楚。東北人傳統做的醬，是黃豆發酵而成的叫「大醬」，北京人叫「黃醬」，四川人以蠶豆做的叫「豆瓣醬」，而甜麵醬是麵粉、饅頭發酵而成，各種醬皆有它的食用方式，但都不宜生食，必須再製，調味後才能吃，因為醬都是發酵製品，加了大量的鹽所製成。

　　中國人吃醬大概超過三千年了，後來傳至朝鮮、日本，味噌就是大豆醬，只是發酵方式不同。《周禮》天官所記載：「周天子祭祀與宴客，120品」即是120道菜，就用醬120甕，這120種醬裡是60種酸醃漬醬、60種肉醬，每一道菜配一種醬，一餚配一醬，而孔子的名言是「不得其醬不食」，我們老祖宗規矩還真多。

　　醬在製程中，只加鹽，主材料是黃豆，所以是素的，而這道「蘸醬菜」，可以是純素食，隨自己的喜好與季節的蔬菜來搭配，最簡單的方式，小黃瓜、紅蘿蔔、彩椒、西芹，洗一洗，切一切，就可以吃了，至於綠、白花菜、茭白筍、蘆筍、玉米筍等，則須先氽燙後，冰鎮，再食用。

素食與蔬食的起源

　　佛教創始人釋迦牟尼佛與弟子，他們在沿門托缽時，是遇葷食葷，遇素食素，並無禁忌，佛教教規早期也未規定絕對不能吃葷食。《四分律》云：「可食，不見不聞，不疑為我而殺之肉，是可食的。」在中國是因為「皇帝說了算」，梁武帝蕭衍是十分虔誠的佛教徒，天監11年（西元511年），梁武帝集諸沙門作「斷酒肉文」，立誓永斷酒肉，以之告誡天下沙門。

　　歷史上的素食倡導者，大概是有這三種出發點，一是佛教徒的慈悲之心，二是山居高士的淡泊之心，三是貴族們吃膩了肉食而有嘗鮮之趣，至於現代人吃素最大的原因卻是健康與環保概念。

蘆筍來自何方？

　　蘆筍，是外國傳到中國，還是中國的原生種呢？青蘆筍是歐洲飲食常見的食材，不算貴，但是白蘆筍……法式餐的白蘆筍貴的驚人，吃白蘆筍季，專程從歐洲空運而來，幹嘛啊？夏季時注意一下，白蘆筍在雲林斗六的菜市場出來時，是多少錢一斤？絕對可以暢快、盡情的去吃。

　　明朝，李時珍曰：「蘆有數種，期長丈許，中空皮薄色白者，葭也，蘆也，葦也。短小於葦而中空皮厚色青蒼者，菼也，荻也，萑也。其最短小中實者蒹也，蘇也。這是不同的蘆葦，葦之初生曰葭，未秀曰蘆，長成曰葦，蘆葦的初生嫩芽叫葭，未開花時叫蘆，長成熟才叫葦，葭就是蘆筍。」蘆筍的氣味，小苦冷，無毒，有點苦，屬冷性食物，不解為何當成了舶來品。

　　清朝，秦榮光《上海縣竹枝詞‧物產》：「嫩白蘆根入良藥，味甘退熱性微涼，筍肥可做蔬充饌？青葉夾芽筆樣長。」意旨春出生芽，古稱蘆筍，可做蔬食，又稱蘆筆，俗稱蘆尖，刈充牛食，力勝稻草。蘆筍真的像古人用的毛筆，原來以前沒人吃，都是割來給牛吃，當然營養比稻草好多了。

　　引這麼多典故只是想說台灣有很多很好的東西，都在我們日常生活裡，要去認識它，最好的食物就是當季的食材，不要只認識松露，而不懂台灣的椴木香菇、山西五台山的蘑菇，只認得義大利的老陳醋，而不會品嘗山西的老陳醋、鎮江的香醋。

大廚 教你做

吃膩了西式的生菜沙拉，不妨換中式的口味，蔬菜更多變化，蘆筍、綠白花菜、紅蘿蔔、茭白筍等，汆燙後冰鎮保持鮮度，蘸著醬汁食用，既清爽又健康。

• 食材

西芹 200g、青椒 50g、紅蘿蔔 60g、紅彩椒 50g、黃彩椒 50g、青蘆筍 60g、白花菜 60g、茭白筍 60g、玉米筍 50g、青花菜 50g

• 蘸醬

黃豆醬 30g、甜麵醬 30g、蒜蓉醬 30g、芝麻醬 30g、麻辣醬 30g（一種蘸醬約30g，可依喜好調整）

• 做法

1. 青蘆筍、白花菜、青花菜、茭白筍、玉米筍先汆燙煮熟後，泡冰水降溫，保持脆度與鮮度，增添口感，再瀝乾。

2. 紅蘿蔔生吃或煮熟吃皆可。青椒、紅彩椒、黃彩椒、西芹等食材去籽及莖葉後浸泡冰水（增加食材脆度）5分鐘再切條，瀝乾水後排盤。

3. 蘸醬可依個人喜好選擇或調製，蔬菜蘸取適量醬料即可食用。

CHAPTER 2

炒 菜

從黃河流域以北的區域都是北方菜的範圍，
然而不同區域也有不同的炒菜方式，在於選
料、刀工、火候，著實考驗著大廚的掌上功
夫與出菜速度。

難得「一塌糊塗」的菜餚

炒菜包含有炒、燒、炸、烤，河南、河北、山東、北京、天津都是北方菜，也是炒菜，但炒的方式與流程，節奏不同，書上說的：「選料講究，刀工精細，調味適中，工於火候」，這不是廢話嗎？哪個菜系不是如此，難道有菜系亂切，隨便調味，差一口氣也可以？

比較不一樣的是「鍋塌」的做法，「扒」的工序，「抓炒」的調汁，以及烤鴨又分為掛爐、燜爐，還有用溜的、軟炸、拔絲，也擅長用醬，下腳料（內臟）用得很多，或是爆肚、汆湯的牛、羊的胃，像是「九轉肥腸」，用的是豬的大腸頭，「肚條帶粉」用的是豬肚，另一項東北著名的「殺豬菜」，則是整隻豬的內臟全都下去了！還有「糟蒸鴨肝」「燴鴨腰」以及「爆雙脆」使用的是雞胗與肚頭，綜觀這些食材與烹調法、使得北方菜常被南方菜的廚師笑話：「你們北方菜喔，無啥特色，就是一塌糊塗！」，說的也是，北方菜幾乎都勾芡，才會有這樣的說法。

北方菜幾乎無菜不勾芡

南方人笑話北方菜是一塌糊塗，勾芡到底是為何？清代詩人袁枚在《隨園食單》裡的須知單說：「芡，豆粉也，俗稱『纖』」就好像是在拉船時用纖（船繩）一樣，在做菜時須用粉來牽合各種原料，煎炒時，怕肉類貼鍋底以至於焦掉，所以芡粉來保護它，這便是纖的定義，這是不通的說法。勾芡就是使味汁包住原料不脫落，可做芡粉的有豌豆粉，木薯粉、紅薯粉、馬蹄粉、藕粉，現在最常用的是玉米粉。蘇州人在夏天有一道季節時蔬，叫「雞頭米」，就是新鮮的「芡實」，也是我們吃的四臣湯裡的，中藥四君子之一的芡實，台灣吃的都是乾貨，芡實在摘取

後，曬乾可做為糧食用，但經沉澱曬乾後，獲取澱粉，雞頭米的澱粉含量是非常高，可達 30% 以上，提取的澱粉，就叫「芡粉」。勾芡為一般說法，但在上海的方言叫「著膩」，至於玻璃芡、楊柳芡、流水芡，這都是在勾芡上用的不同術語，凡是勾芡的食物，熱量都很高，像肉羹、魷魚羹是最好的例子，但勾芡並不是壞事，只是要斟酌比例，適當的食物與適量的芡，然而西餐雖然不勾芡，但濃度是從麵粉而來的，也是有著相當高的熱量。

楊貴妃是中國四大古典美人之一，唐玄宗因為她而有了安史之亂，宋代劉斧《青瑣高議前集·驪山記》道：「一日，貴妃出浴，對鏡勻面，裙腰褪，微露一乳……帝指妃乳曰：『軟溫新剝雞頭肉』」白話的意思是：一天，楊貴妃洗澡完，對著鏡子梳妝，不留意腰帶鬆了，於是一只乳房微微外露，唐玄宗看到則指著楊貴妃的乳房，詠道：「軟溫新剝雞頭肉」，不知，各位看官，能了解新鮮的芡實是長什麼樣呢？

常見的調味品

北方菜不可或缺的醬料

醬油、豆瓣醬、甜麵醬等，都是北方菜裡不可少的醬料，其原料為大豆，大豆即黃豆，古稱「菽」，是中國原生種，大約有五千多年的栽種歷史，所有的豆製品，從豆醬、豆腐、豆乾類到醬油、豆豉、黃醬到味噌都是大豆的產物。五代時陶谷的《清異錄》說：「醬，八珍主人，醋，食總管也。」此時的醬尚未有清醬油，更早的孔子名言：「不得其醬不食」，從這個角度去想，西餐是以醬為主角的，學西餐烹調，是從基本醬汁學起的，而中國人在一千多年前時，醬就是八珍主人，應該多了解老祖宗的東西，不要一昧的崇洋。

黃豆、黑豆皆稱大豆，大豆鹽醃而成就是豆豉，醃豆豉是通過發酵方法

橄欖油

紅油

花椒油

清醬油

使大豆內含的蛋白質轉化為強烈的鮮味的「谷氨素」，從豆豉到醬油，都是為了調合食物的鮮味而產生的。

傳統的醬油是需要長時間靜置發酵，在過程中需高溫曬醬，所以有三伏天（每年夏天最高溫的日子）曬醬，而最好的醬油也就是到了秋天製成的秋油。醬油原色並不黑，是添加了焦糖色素才黑，在粵菜裡的「生抽」就是淡醬油，炒菜用，而「老抽」則是上色紅燒用的，這些醬的鹹味都是放鹽產生的，少放鹽就淡，市面上的醬油，有的便宜有的貴，這些都是文字遊戲，好醬油必須長時間 4 ～ 6 個月發酵，便宜的化學醬油都是速成的。

北方人用黃醬外，甜麵醬也常用，傳統用的是饅頭發酵而成，據說是這樣來的：清朝每逢節慶祭祀皆仿古禮，祭壇上需擺上大內餑餑房點心，用好麵粉、糖、奶油蒸的麵點，分量非常的多，祭祀完畢，這些麵點太監就收起放在大缸內發酵製醬，製好的醬，太監將這些麵醬分贈王公大臣，得到更多的回禮，從而甜麵醬的產生流傳至今，太監們的廢物利用，造就了一個新的調味品產生，然而今天的甜麵醬改為黃豆發酵而成，饅頭的發酵方式也快失傳了。

說個輕鬆的小故事，東漢，桓譚《新論》說有個鄉下人得到一碗「脡醬」，十分高興，吃飯時怕別人要吃他的醬，就在大家面前在醬裡吐了口唾沫，眾人看了氣不過，於是都向醬碗中擤了把鼻涕，結果是誰也沒吃成。這個諷刺小品，說明了當時是多麼的重視醬啊！

辣豆瓣醬　　　　　甜麵醬　　　　　黑豆瓣醬　　　　　芝麻醬

抓炒魚片

抓炒，也就中國特有的烹調技法，西方的只有煎，用的是平底鍋，就算是炒，也只是拌炒一下，而無法像中式炒鍋那樣，龍飛鳳舞的炒。

「北京仿膳」是慈禧太后的御廚王玉山開創，目前都還在經營。前幾年去北京玩，友人特別安排去嘗嘗仿膳的菜，點了八珍豆腐、肉末燒餅、栗子窩窩頭、烏魚蛋湯、還有抓炒裡脊⋯⋯這些都是招牌菜，穿著清宮的服務員，冷冰冰的。

仿膳位處北海，臨湖，當天氣溫大概 0 度左右，第一道上的是八珍豆腐，還沒吃，已經氣暈了，八珍豆腐用的是炸過的油豆腐，配菜裡竟然有「火腿腸」，肉末燒餅的肉末，一片漆黑，但味道可以；空心燒餅酥香很好，烏魚蛋湯尚可，栗子窩窩頭則比想像中的好吃，而抓炒裡脊就做的中規中矩了。

仿膳的四大抓炒，即「抓炒魚片、抓炒裡脊、抓炒腰花、抓炒大蝦」。聽說這四大抓炒的起源是從抓炒魚片開始的。唉！這又是慈禧的最愛？

有一天王玉山為慈禧做早餐，一時心血來潮，選用魚片，調了蛋清，麵糊上漿後，先過油，再燒成淡糖醋味，隨即上桌了（早上就吃炒魚片，還是炸的？為皇太后做菜，又怎會一時心血來潮呢？）在當時，抓炒魚片在慈禧的早餐裡很搶眼，慈禧嘗了一口，引起食慾，覺得酸甜鮮香，便叫王玉山來問：「此菜何名？」王玉山當時無頭緒（前面心血來潮，後面無頭緒？），隨口說了「抓炒魚」，從此開啟了抓炒的做法，而後泛生出了「炒裡脊、炒腰花、炒大蝦」。這是名人名菜的傳說，別當真。

抓炒，也就中國特有的烹調技法，西方的做法只有煎，用

的是平底鍋，就算是炒，只是拌炒一下，而無法像中式炒鍋那樣，龍飛鳳舞的炒。有的廚師很有節奏感，在炒菜時隨著炒菜的步調，左手持鍋，右手拿杓，時而翻滾，時而搖晃，身體為如同舞蹈般的躍動，很美；有的確是站個大八字，只見上身如同交響樂指揮家一樣，雙臂上、下飛舞著，而下盤是聞風不動，固若磐石，可惜的是這樣的美，只有在廚房內才看的到，西式廚房是沒有的。

　　「炒」的烹調技巧是中國烹飪中最慢產生的，老祖宗先是因天然的森林失火，燒熟了食物，然後有了鼎可以煮，直到有了鐵器製成薄刀與鐵鍋，才有了炒；而最早菜餚用的炒字，是出現在「炒羊」的菜式名目，距今一千多年前的宋朝，也因為炒的烹調技巧，而使得中國的烹飪技法完備，再經歷明朝確立了中國菜烹飪的模式，至今如此。

大廚 教你做

這道傳統名菜，色澤明亮，外脆裡嫩，一口咬下是酸酸甜甜的糖醋味，沾裹著每片魚肉，魚肉則鮮嫩無比，令人無窮回味。

- **食材**

鯛魚排150g、青豆仁10g、雞蛋1粒、蒜頭5g

- **佐料**

鹽0.2g、糖20g、胡椒粉0.1g、胡椒鹽0.2g、低筋麵粉50g、太白粉5g、香油5g、白醋30g、番茄醬60g

- **醃料**

鹽0.2g、胡椒鹽0.1g、香油2g、太白粉2g

● 做法

1. 取鯛魚切厚片，長約5～6公分，厚約0.3公分，切正方或長方形皆可，注意刀工要一致性。

2. 將切好的魚片加醃料鹽、胡椒鹽、香油、太白粉略醃一會兒，此時先調配麵糊，將雞蛋打成蛋液，加入低筋麵粉、0.1g胡椒鹽混合，再添加些許冷水攪拌均勻。

3. 鍋中倒入約300g的沙拉油，油溫約180度，魚片均勻沾裹麵糊下鍋油炸，炸至表面金黃色即可起鍋備用。

4. 準備調配糖醋汁，取番茄醬、白醋、糖、太白粉調勻。此道的糖醋味佐料是一般糖醋做法的1/2量，較為清淡。（如個人口味較重，可再加鹽0.2g、胡椒粉0.1g）

5. 蒜頭切細碎先入鍋爆香，炒出蒜香後加入糖醋汁拌勻，再放入炸好的魚片拌炒。

6. 青豆仁汆燙過再加約0.1g胡椒鹽入鍋拌炒，即可起鍋。

TIPS
1. 切魚片的時候後要注意一致性，絲配絲、條配條、塊配塊，才不會影響口感。
2. 胡椒鹽是烹調的基本程序，通常最基本是以胡椒粉10g和鹽150g調勻後裝罐使用。

鍋塌豆腐

老天爺賜給中國人最好的禮物就是豆腐，黃豆加水，點個鹽滷，就成型了；若做個鍋塌豆腐，既平民，又好吃，還能學學大廚子的扒鍋技巧。

相傳在明朝，山東省福山縣一位有錢的富商，喜食海鮮，特地聘請了當地很有名的廚娘為他烹製海味。有一次，廚娘外出，晚回，時間很倉促，做了道香煎黃魚，上桌時，差了一口氣，富商正想吃，發現魚好像未熟，有點生氣，把廚娘叫來請她重做，但富商餓壞了，催的緊，廚娘想想，重做時間花太久了，再煎一下魚的顏色一定會太黑，於是急中生智，在鍋中添了點清湯，加些蔥、薑、胡椒、酒，再回燒一下，略微生的黃魚，在燒的過程中，隨著湯汁收乾，味道也進去了，再端上桌時，富商老遠就聞到香味了，一吃之下，極為滿意之前未曾嘗過的味道與口感，問廚娘：「妳這是怎麼做的？」廚娘回：「將魚塌了一下」（在膠東地區將酥脆的食物，回鍋煎軟就叫塌）炸過的食物有稜有角，而一回鍋就塌了下去，於是「鍋塌」的做法，就從山東開始傳出來了。

不如做道鍋塌豆腐，親民又好吃

鍋塌黃魚是貴的菜，也很麻煩，要取清的魚肉（無刺），黃魚的頭尾都要浪費掉了，若做個鍋塌豆腐，既平民，又好吃。老天爺賜給中國人最好的禮物就是豆腐，黃豆加水，點個鹽滷，就成了，引用作家前輩孟瑤女士的一段話，她在 1970 年寫過一篇小品叫〈豆腐閒話〉的散文。開場曰：「在日常生活中，我最愛吃的一味菜就是豆腐，它潔白，是視覺上的美；它柔軟，是觸覺上的美；它淡香，是味覺上的美。它可以和各種佳餚同烹，最後，它吸取眾長，集美味於一身；它可以自成一格，卻更具有一種令人難忘的吸引。它那麼本色，那麼樸素，又那麼繫人心神。」這是我看過、聽過最傳神又貼切的形容詞。

中國很多地方流傳的民俗諺語：「世上有三苦，打鐵、撐船、磨豆腐」，打鐵匠現在消失了，河邊撐渡船的沒了，而豆腐作坊到現在還是存在的，「豆腐一聲天下白」賣豆腐的，半夜就得起來磨豆子、煮豆漿、點滷成型，然後挑著擔子，沿著巷弄賣，從天黑到天亮，一塊豆腐，賺那幾塊錢，這不是辛苦的行業嗎？

掌上功夫好不好，看「塌」的技巧就知道

這道鍋塌豆腐用的是老豆腐，嫩豆腐含水量太高，而盒裝的內脂豆腐含水量更高，皆不宜。先將豆腐切厚塊，切成 16 塊，擺成 4x4 塊狀的正方形，沾裹麵粉，再沾全蛋液，入鍋煎到定型起鍋，另起油鍋，蔥、薑、紅椒絲、肉絲煏香，加入高湯，回燒，收汁，起鍋，就成菜了。

煎豆腐的時候，用的是圓型炒杓，怎麼翻豆腐呢？

此時就是這道菜顯現功夫的時候了，翻鍋：

你要前滾翻呢？還是要側滾翻，當然後滾翻是行不通的，無論是鍋塌豆腐，還是鍋塌黃魚，都是這樣的烹調技巧，如何，中國菜比西餐好玩吧！

沾裹著蛋液的豆腐，在鍋裡煎到金黃香脆，隨後加入高湯與調味，慢火收汁，鮮味都進入豆腐中；豆腐入口軟嫩鮮香，豐富營養，十分下飯。

● **食材**

板豆腐150g、雞蛋1粒、蔥5g、薑3g、裡脊肉20g、香菜葉2g、紅辣椒1g、高湯100g（分量須與豆腐齊平）

● **佐料**

鹽1g、胡椒粉0.1g、麵粉30g、米酒10g、香油10g

● **醃料**

鹽0.1g、胡椒粉0.05g、太白粉1g、香油2g

● **做法**

1. 豆腐切長方形厚片，約長5公分、寬3公分，一共切成16塊，先沾麵粉後再沾全蛋液，入鍋排列整齊，排成4X4塊狀的正方形，小火煎至蛋液呈現焦香味，表面金黃色後備用。注意使用翻（扒）鍋的技巧，特性是讓鍋底內食材翻面朝上。

2. 裡脊肉切絲後，加入醃料鹽、胡椒粉、香油、太白粉醃製，接著快速過油。油溫約60～70度。

3. 另起油鍋，倒入約30g的沙拉油。蔥、薑、紅辣椒切絲，入鍋爆香後加入鹽、胡椒粉、米酒、香油及高湯，再放入肉絲與豆腐小火燜至縮汁，最後放香菜葉裝飾。除了肉絲以外也可加海鮮。

TIPS 此道烹調技法為翻（扒）鍋，即是鍋塌，注意施力點在手腕，食材前拋，順勢往上推，鍋子要拿穩。這是廚師呈現技能的必經過程，出菜速度較快。

扒口條

「扒」是北方菜常用的烹調方式，將原食材先滷透或燒透，或用蒸的方式，在出菜之前滷汁調味，收汁後勾芡，保持原食材形狀，即可起鍋。

口條在餐飲行業，指的是「舌頭」，電視台找主持人也會問，他口條好不好，意思是話說的流利嗎？而這道扒口條指的是牛或豬的舌頭，但從來不會把鴨舌叫成了口條。扒是北方菜的做法，扒羊肉條、扒牛肉條、扒肘子、扒海參、扒鮑魚等，都是扒的做法，將原食材先滷透或燒透，也有用蒸的方式，出菜前加滷汁調味，碼好，不能亂放，湯收汁後勾芡，保持原食材形狀，起鍋。若到了清真回教館子裡，都有賣扒口條，但別忘了，回民的館子用的是牛舌頭，千萬別說成了豬舌頭，那可會被轟出去的。

舌頭的功能是辨五味的，但我們連舌頭都吃了，話說回來，現在全球最風行、時尚的飲食觀念是什麼？不就是「全食概念」，也許再過了 30 年、50 年人類就會為了糧食和水而打仗，糧食是不能浪費的，常說歐美人士少吃內臟，殺豬牛只吃精肉，這些人的老祖宗在以前卻是什麼都吃的，而中國人傳統以來就是殺一隻豬，除了腳趾蓋與毛不吃，其他的部位都能吃，從來都是全食概念，這樣的我們不是很前衛嗎？

好吃到連舌頭都吞下肚了

說個吃舌頭的故事給大家聽，清朝大將軍年羹堯，仗著自己的妹妹嫁給皇上，有了年妃的撐腰，既囂張、傲慢又奢侈，被皇上連降 18 級，貶到杭州當守城官，最後殺頭，其後姬妾四散；有一杭州秀才得了一位在年府內專司飲饌的青年女廚娘，她自稱在年府只負責做小炒肉這一道菜，她說年羹堯每飯必於前一日看菜單，如果菜單上有小炒肉，便由她去辦，一次只做這一道，一個月可能只有一次或兩次，其他廚師做不好

這道菜，只有她才能做好這道菜，所以專炒此菜，她也不做別的事。秀才問：「妳何不為我做一次？」廚娘笑回曰：「酸秀才，談何容易，年將軍的這一盤小炒肉，須用一隻肥豬，任我擇其一處下手，現你家每次買肉不超過 1～2 斤，從何下手？」

秀才傻了，説不出話來。有天，秀才很高興的回家告訴這位廚娘：「每年本村有賽神廟會，會殺上一隻豬，今年我當會長，此豬由我分配，妳可以一顯身手！」廚娘應允，到了賽會，一早就抬回一隻豬，廚娘一看，急説道：「我在年府豬是現殺，肉是現取，現炒，即時送給年將軍食用，你這豬已殺多久啦，味道一定會大減！」秀才堅持請她試試，廚娘勉為其難的答應，於是，左看右挑的選了一塊肉，進廚房烹製，過了一會捧了盤炒肉絲，請秀才先嘗嘗，她就回廚房收拾東西了，不一會兒，她回秀才房裡，只見秀才奄奄一息，倒在地上，滿嘴鮮血，她仔細一看，肉絲已吃下肚內，而且連自己的舌頭也吞下去了，吃牛的、豬的舌頭，怎麼連人的舌頭都吃了？

由此看來年羹堯的奢侈，是連米其林三星頤宮的叉燒肉也比不上的，江南有句俗諺：「嘗美味者，先用線扣住舌頭」，北方人在形容好吃，也會説：「你連舌頭都吞下去阿！」

醬色鮮明的扒口條，是北方菜的烹調技法，將原食材滷透之後，再以滷汁調味並勾芡，收汁便可起鍋，是一道可以品味香嫩肉質的道地北方佳餚。

● 食材

豬舌頭1條、蔥30g、薑30g、蒜頭20g、紅辣椒10g、紅蔥頭20g、洋蔥50g、青江菜1把、滷包袋1個（滷料請參考P.26）

● 佐料

鹽0.5g、糖10g、胡椒鹽0.2g、太白粉5g、米酒100g、香油20g、醬油300g、番茄醬100g、辣豆瓣醬100g

● 做法

1. 先汆燙豬舌頭，去除表面白色薄膜後備用。

2. 蔥、薑、蒜頭、紅辣椒、紅蔥頭、洋蔥切片後入鍋煸炒出香氣（油量約10g），再加入滷包、豬舌頭及醬油、番茄醬、辣豆瓣醬、糖、鹽一起滷1小時。

3. 滷好後取舌頭部分切薄片，排入鐵碗底，再將嘴邊肉切片排滿，入蒸籠鍋蒸熱，約蒸3分鐘。

4. 青江菜去除老葉再切對半，並汆燙過，加入0.1g胡椒鹽拌炒，排於盤底，隨後取出蒸好的豬舌頭倒扣盤中，再取滷汁過濾，加入米酒、胡椒鹽（或醬油）、太白粉、香油，調製成醬汁淋上即完成。

> **Tips** 食材可依喜好改為牛舌頭，舌頭需先滷好，白滷（不加醬油）、紅滷皆可，注意不要滷至味道太重，否則會失去食材的原味與口感。

蔥爆牛肉、香根牛肉

蔥爆是北方館子或自家都能炒的一道家常菜，在台灣常見蔥爆，少見熱炒香根，香根即是「香菜」，通常為配角、裝飾之用，不妨換個北方做法，來盤香根牛肉！

北方館子不是蔥爆牛肉，就是蔥爆羊肉，這是必備的菜，也是家裡都能炒的菜，很簡單，有蔥、有牛肉就可以了。在北方館是可帶餅出，以餅包著吃，南方則是下飯菜，這麼一道家常菜，有的北方館卻做的不好。

台中有家西北菜，可能是台中碩果僅存的一家，他家的菜我吃了大概 30 年以上了，拌白菜心、臘牛肉、小酥餅、炒貓耳朵皆佳，老闆夫婦，本身就是掌廚的，前陣子去吃，叫了份蔥爆牛肉，菜上來時，真的很驚訝，蔥爆牛肉的盤內，湯汁都快滿出來，快成了蔥爆牛肉湯了，不可思議，一個北方館，能做出這樣的菜，而且是老闆親自掌廚。

在家也能做的蔥爆與油爆

除了蔥爆，北方館還有油爆，像是「油爆雙脆」，指的是豬肚頭與雞胗的脆，這兩種食材都不適合炒，但北方菜的做法，成了代表菜，豬肚頭與雞胗能炒，是因為刀工好，這兩種食材都得以刀法，切得如同網狀一樣的剞刀法，台灣最常用在炒魷魚的上面，油爆指的是食材碼好入味，下鍋以溫油劃開起鍋，然後蔥、薑、蒜熗鍋，爆炒，勾芡後起鍋，成菜。

有蔥爆牛肉外，在川菜館子裡有的時候會列一道叫「香根牛肉」的菜，這也是北方館的「芫爆牛肉」，就是芫荽的根炒牛肉，不使用葉子部位，北方人特別喜歡吃香菜，涼拌的、炒的、湯，都習慣用香菜，而北方的香菜長的和芹菜一樣大顆，也像北方人的體型。

香菜即芫荽，也叫「胡荽」，是地中海的植物，漢朝張騫通西域時

帶回，所以叫胡荽，西餐使用的很多，
剛進入中國栽培時，其香味獨特，
於是成了中國普遍都食用的食
材，喜歡它的香氣，會很愛它，
反之則一點都不能忍受。

前些日子去台北出
差，午飯時在一家老字號
的川菜館用餐，點了道
香根豬肉，一上菜，找
了老半天，數了數，大
概不超過 20 根，且長不
到 3 公分的香根，連香根
味道都沒出來，又不是颱
風季節，香菜一斤 480 元，
那是我買過最貴的香菜，結果
整盤菜只有肉絲與豆乾味。

有的時候我們認為常用的語言
是對的，也不會去懷疑它，比如說：形
容小事花大力氣去解決它「殺雞焉用牛刀」，
這是最簡易能懂的說法，但有沒有人想過，殺牛刀是
多大？殺雞刀是多小呢？而在真實的社會裡，殺牛的刀，細、窄、尖，
而殺雞的刀則是我們最常用的菜刀，比牛刀大多了。

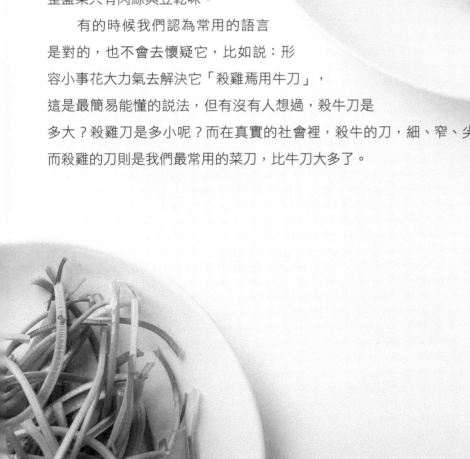

不論是快炒店或是自家都很常做的蔥爆牛肉，只要備齊食材與佐料後，爆香與快炒，很快就能完成！不妨試試看香根牛肉，多了香菜的獨特氣味，讓整道菜香氣十足。

蔥爆牛肉

● 食材
牛肉50g、蔥80g、薑3g、蒜頭3g

● 佐料
胡椒粉0.2g、太白粉3g、米酒20g、香油5g、醬油10g

● 醃料
胡椒粉0.1g、太白粉3g、香油2g、醬油2g、蛋液3g

● 做法
1. 牛肉去除筋膜，切片後加入醃料胡椒粉、醬油、香油、太白粉、蛋液醃製。鍋中倒入約150g沙拉油，油溫約60～70度，隨後快速過油。
2. 取蔥切段、薑、蒜切片，入鍋煸炒後加入牛肉，以胡椒粉、醬油、香油、米酒調味，太白粉和水後加入，拌炒至縮汁即可起鍋。

香根牛肉

● **食材**

牛肉50g、蔥80g、薑3g、蒜頭3g、香菜60g

● **佐料**

胡椒粉0.2g、太白粉3g、米酒20g、香油5g、醬油10g

● **做法**

1. 去除牛肉筋膜與醃製，與蔥爆牛肉做法1相同。
2. 香菜去葉瓣留梗（莖）備用，蔥、薑、蒜切細碎，加入牛肉，以
   胡椒粉、醬油、香油、米酒調味，太白粉和水並加入鍋中，拌炒
   至縮汁即可起鍋。

TIPS 「過油」是將醃製過的肉類放入60～70度油鍋內，將肉打散後，馬上過濾油，再炒的動作。
當油溫已到達時，即可關火，避免食材不均勻的熟透。

它似蜜

它似蜜在北京清真菜中是最重要和最常見的一道。在回民婚喪嫁娶等民俗活動的宴席中往往是第一道上桌的菜。

它似蜜，原名為「蜜汁羊肉」，原本是回教的清真甜菜，甜味來自甜麵醬，羊肉用的部位是羊裡脊肉 (不是里肌肉)，是在脊椎旁的嫩瘦肉，也是西餐裡的菲力部位，而甜麵醬在傳統以來是以饅頭發酵製成的，如今有的已改良成黃豆製。

傳說中此菜源自清朝宮庭，是慈禧太后的最愛（慈禧的最愛還真多），有次初嘗此菜的慈禧，很喜歡這香甜如飴的味道，詢問菜名，侍膳的太監（都是狗腿子），佯裝不知，說請老佛爺賜名，慈禧太后隨口說：「它似蜜啊」，於是它似蜜這道菜從此誕生了，這只是傳說，而在歷史的清宮記載，慈禧太后的菜單上，未曾出現過羊肉，因為慈禧太后是屬羊的，從來不吃羊，名人名菜的傳說，常常是穿鑿附會的，別當真。

這道菜是鹹中帶甜的風味，是以甜麵醬炒的菜，在北方回教館子裡，都是可以帶餅，以家常餅包著吃，若是一般的北方小館裡更多的是配著手揉的饅頭而食，饅頭的淡，搭配它似蜜的鹹、香，十分對味。

回教的菜，有特別的做法，所以「阿訇」很重要（讀音同「轟」），阿訇指的是回民專門宰殺牛、羊的指導祭司，宰殺前要誦經，切除血管、氣管、食管，清洗乾淨，回教認為血是不淨的，所以這道菜要做的好，首先就是選最好的羊裡脊肉，將羊裡脊肉切成長 3 公分，寬 2 公分的薄片，加少許甜麵醬略醃，而回教館是不放酒醃。

再來說甜麵醬，甜麵醬顏色深，味道鹹、甜，所以需要再製過，生醬得用油調味並炒出香氣來，不是直接以生甜麵醬來炒菜，醬的香氣是出不來的，成菜是「不扒個兒，不走形，顏色紅棕亮，不留汁，不堆芡，

有汁不見汁」，這是北京內行

人的說法。

原名與來源已不可考

　　它似蜜因為滋味多甜口，被歷史學家認為是穆斯林世家傳來的菜，而它似密在北京清真菜中是最重要和最常見的一道，回民婚喪嫁娶等民俗活動的宴席中往往是第一道上桌的菜。由於穆斯林在進食前先要念誦「太斯米」，意為「奉至仁至慈的真主之名」，故作為第一道菜，大家開始品嘗之前都會互相提唸太斯米，而這道菜又得名太斯米。它似蜜則是文人在原名的基礎上創造的音義兼顧的名稱，並被飲食業廣泛採用。

　　俗諺云：「羊幾貫，帳難算，生折對半熟就半，百斤止剩念餘斤，縮到後來只一段。」說的是：羊肉百斤，宰殺後，只得 50 斤，待煮熟便剩 25 斤，這是生羊易消，熟羊易長，吃羊肉易飽，初時不覺得，感覺飽時已是脹了，下回吃涮羊肉或是炒羊肉時，記得吃七分飽就可以了。

滋味偏甜的它似蜜，是北方的清真菜，這道菜選用羊裡脊肉，肉質軟嫩，再加入甜麵醬的鹹甜，是相當受歡迎的菜色。

- **食材**

羊裡脊150g、蔥1g、薑1g、蒜頭1g、青豆仁3g、蛋液3g

- **佐料**

鹽0.01g、糖2g、胡椒鹽0.1g、胡椒粉0.1g、太白粉3g、醬油5g、米酒10g、香油5g、甜麵醬30g

- **醃料**

胡椒粉0.05g、醬油5g、香油2g、太白粉3g、蛋液3g

● **做法**

1. 羊裡脊切片，長約4～5公分、寬約2.5～3公分、厚約0.2公分，加入醃料胡椒粉、醬油、香油、太白粉、蛋液等醃製。鍋中倒入約100g沙拉油，油溫約60～70度，接著快速過油。

2. 取甜麵醬，加入胡椒粉、米酒、香油、醬油、糖、水（約30g）一起熬煮成稠狀。

3. 蔥、薑、蒜頭切細碎入油鍋爆香，加做法2的甜麵醬汁，調勻後放入羊肉拌炒。

4. 青豆仁汆燙過再加胡椒鹽入鍋炒勻，即可起鍋。

滑溜裡脊

滑溜做法是道地的北方菜，主角是裡脊肉，配角的蔬菜可自行混搭，大陸常用蒜苗、玉蘭片（筍片），而台灣的師傅，會依不同的口感與色澤來搭配。

滑溜與焦溜、醋溜都是北方菜的做法，大陸的食譜有的寫「熘」卻查無此字，都是溜，但做法不同。醋溜：醋味重，焦溜：主食炸過再溜，滑溜：主食材上漿後過油劃開，再回炒。豬最嫩的部分叫裡脊，在台灣常寫成里肌，里是「裡」的簡字，與肌無關，有大裡脊、小裡脊之分，大裡脊在川菜裡又叫扁擔肉、通脊、外脊，通常在台灣就是叫肉排，帶骨取下就是排骨飯用的就是那塊肉，因位於脊椎骨上的長條型肉，所以四川就叫扁擔肉，而小裡脊又稱「腰柳、腰脊」，是位於腰子與背脊骨之間一條長型漸尖的精瘦肉，一隻豬也就那麼一條斤把肉，因為最嫩，適合快炒。

這道菜配角可自行混搭，大陸常用蒜苗、玉蘭片（筍片），而台灣的師傅，會做不同的口感與色澤來搭，肉是白色的，搭些彩椒，少許香菇，就成色彩繽紛的滑溜裡脊。

古今食事，談裡脊之珍貴

說到彩椒，應該是說甜椒、辣椒，原產南美洲，大約在明朝時傳入中國，甜椒也是同時進來的，但早期甜椒培育的並不好，甚少人知道食用，反而是西餐用的多。對了，忘了說明，帶辣味叫辣椒，沒有辣味叫甜椒，都是從辣椒培育而來，從辣椒變厚，不辣，就成了甜椒，最早台灣食用的只是青椒，青椒有個特殊味，不能說腥臭，但很多人不喜歡吃，這20、30年才引進培育了各式甜椒的顏色，須說明的是青椒，熟成就成了紅椒，說到這裡，一直不解的是，在餐廳的這個行業，廚師在叫青椒時，會寫上「大同仔」，至今不知為何？

再談炒裡脊絲，作家高陽在他的一本著作《古今食事》裡寫到明朝

末年的河工，河工是因為明末時黃河河運所產生的事物，黃河經常氾濫，朝廷為了治理河運，而撥了大筆的經費，其經費用於治理河運的極少，幾乎是貪官用於吃喝之上，據說當年「河工之宴」，須三天三夜才能完事，就像是吃流水席一樣，隨意入座，盡興而去，吃的時間長，菜的花樣就得多了。據載，光豬肉的做法，就有幾十種，而且極盡奢侈與殘忍之法，高陽舉炒裡脊絲為例：先將豬關在空房內，眾人持竿痛擊，豬一面逃、一面叫，後面人一路追打，等繞室奔號的豬，力竭而斃，馬上用利刃取其背肉一片，整隻豬的精華僅此一片，其餘的腥惡失味，不堪食，這樣炒一盤，就須好幾頭豬，會這樣皆因款須報帳之故。

回到現代的做法，將裡脊肉切條狀，各式彩椒、香菇，也切如同肉的長條狀，裡脊肉先加些白胡椒粉、米酒、醬油、香油、沙拉油，還有太白粉拌醃，靜置一會入味，油溫不要太高，接著肉片入鍋，打散滑開，起鍋，再將各色彩椒下鍋快炒調味，肉片下鍋後勾薄芡，滴幾滴香油，就完成一道家常小炒菜。

選用豬裡脊肉，搭配各種新鮮的蔬菜，如青椒、紅椒、黃椒，或是蒜苗、筍片等等，一起快炒勾薄芡，口味清香，肉片滑嫩，相當清爽適口。

● **食材**

裡脊肉150g、香菇5g、紅蘿蔔5g、青椒10g、蔥3g、薑2g、蒜2g、紅甜椒10g、黃甜椒10g

● **佐料**

鹽0.2g、胡椒粉0.1g、太白粉5g、米酒10g、香油5g、醬油5g

● **醃料**

胡椒鹽0.7g、太白粉3g、香油2g、蛋液3g

● **做法**

1. 裡脊肉先去筋膜再切片，長約5公分、寬約3公分、厚約0.2公分，切片後加醃料胡椒鹽、香油、太白粉、蛋液醃製。鍋中倒入約100g沙拉油，油溫約60～70度，接著快速過油，肉片入鍋打散滑開即可起鍋備用。

2. 香菇泡軟後切半，紅蘿蔔切片（亦可切水花片），彩椒及青椒切片先汆燙過。

3. 蔥、薑、蒜頭切細碎，入鍋煸炒爆香，放入所有食材與肉片拌炒，並加入胡椒粉、米酒、香油、醬油、鹽拌炒均勻。

4. 太白粉加水拌勻，加入鍋中勾芡即可起鍋。滑溜醬汁的比燴汁少，注意醬汁的比例不要過多。

TIPS 水花片極為考驗廚師的刀工，須將紅蘿蔔或小黃瓜切成各款圖案的水花，如正方、半圓、菱形甚至動物形狀，多用於盤飾。

肚條帶粉

這其實是道家常菜,不知為何館子裡也少見了?這道菜的重點是豬肚要滷的夠爛、入味,以及需要較多的蒜末爆香,蒜味要重些,才像北方菜。

　　肚條帶粉,早期北方館也有寫成「肚條代粉」,沒有找到資料是「帶」還是「代」,但中國菜在命名都是有所依據,不是隨便取,有的是名人相關來命名,或依主要食材,烹調方式與地方特性來命名,例:蔥爆牛肉,有蔥與牛肉,以爆炒的方式烹調;蒜泥白肉,調味以蒜泥為主,食材是白煮肉,不會是紅燒肉;宮保雞丁則是以清代官員丁寶楨之官位,太子太保,即宮保與雞丁,合組而成的菜名。有的是取其諧音,髮菜:發財、菜頭:彩頭、年糕:年年高升。而肚條帶粉,是豬肚切成條狀與粉絲合炒,應該是帶,而非代替的代。

落實全食概念的家常菜

　　先談談肚條,說的是豬肚,而豬肚指「大的肚子」豬的胃,還有個小肚仔,指的是豬的膀胱,也叫「尿脬」。西餐有個非常有名的菜是法國現代烹飪大師保羅・包庫茲(Paul Bocuse)打響的,本來是他的家鄉菜,叫做「膀胱雞」,將布列斯雞塞進豬的肚子,其實翻譯錯了,應叫豬肚雞,而非膀胱雞,膀胱的小肚仔,塞不下這麼大的雞。而德國的菜餚裡也有豬肚塞肉的做法,傳統的中國菜亦有豬肚雞,是一道名貴的湯菜,說起來中國人真厲害,食物下肚後,到了胃(大肚仔),再經腸子(大腸頭)排出,液體則從膀胱(小肚仔)儲存並排出,裝屎的也吃,裝尿的也能吃,這些中國人都可食用,而且從古至今皆如此,誰說中國人不是最早有全食概念的民族。

　　這其實是道家常菜,不知為何館子裡也少見了。豬肚平常就可以滷好,冷藏、冷凍皆可,可以當成冷菜來拌,也可燒肚條、炒粉絲,先決條件就是豬肚要滷的夠爛、入味,如果是白煮,白滷也一樣要去腥入

味，要是肚子咬不動那
就不好吃了。肚條是切
成條狀，而粉條可泡
軟後，以滷汁下去燒
入味，這兩樣都準備
好，炒鍋需較多的蒜
末爆香，炒成金黃色
後，肚條加高湯回燒
到入味，可以放入粉
條同燒後起鍋，或是以
粉條墊底，肚條燒好勾薄
芡，起鍋放在粉條上即可成
菜，粉條可用細的粉絲，或寬
粉條皆佳，但這菜的蒜味要重些，
才像北方菜。

粉絲、粉條、冬粉傻傻分不清

　　龍口粉絲是最早的品牌印象，中國已有三百多
年的歷史，最早是山東北邊的招遠市，而在 1916 年龍口港開埠後，
附近生產之粉絲，皆在龍口港形成集地，才有龍口粉絲的說法，1949 年
之後外省人到了台灣，便有了龍口粉絲註冊商標品。在台灣習慣的說法
是「冬粉」，到了大陸說冬粉，反而不清楚是在說什麼了，大陸常用的
語言是，粉條（粗些），寬粉條（扁更寬些），粉絲（最細的粉條）只有
台灣用冬粉這個詞，難道是冬天才吃的粉嗎？夏天用的也不少，或是
冬天做的嗎？這個食材一年四季都可取得，不受限冬季，
所以不知為何叫冬粉。最早龍口粉絲，強調的是純綠豆
粉，但是馬鈴薯、地瓜、玉米、雜糧皆可做成粉絲，
講究的是不添加亂七八糟的粉，而是純粉製作而
成，有的是一燙即可食用，有的是久煮不爛，飽富
彈性，看你是用在哪樣的菜色裡。

大廚 教你做

將豬肚切成條狀，並與粉絲合炒，但豬肚要滷的夠入味，才不會有腥味或是久嚼不爛。加入高湯回燒，粉絲則吸附飽滿的湯汁，濃厚的蒜香與醬香令人食指大動。

● **食材**

豬肚1個、冬粉1/2把、花椒2g、八角3g、蔥30g、薑20g、蒜頭20g、青豆仁3g、高湯（分量與冬粉、豬肚條齊平）

● **佐料**

鹽0.1g、胡椒粉0.2g、太白粉5g、米酒10g、香油5g、醬油20g

● **做法**

1. 豬肚洗淨後取一水鍋，加花椒、八角、蔥、薑煮熟（約1小時），待冷後切條狀。

2. 粉絲泡水備用，蒜頭切碎後入鍋炒至金黃色，再加入泡好的粉絲、高湯與胡椒粉、米酒、香油、鹽等佐料煮至熟透，放入盤底備用。（佐料分量各留一半，用豬於豬肚條調味）

3. 太白粉加水拌勻備用。將蒜頭切碎後入鍋炒至金黃色，加入豬肚條、高湯、胡椒粉、米酒、香油、鹽，加入太白粉水勾芡，再淋上粉絲。

4. 青豆仁汆燙過再加胡椒鹽入鍋炒至入味，撒上粉絲表面點綴即完成。

TIPS　檢查豬肚是否有熟透，可用筷子去戳，如果可以穿透表示已熟透，喜歡吃軟爛口感的話，增加煮的時間即可。

京醬肉絲

一般的館子，無論是北方館、川菜館，甚至江浙菜的館子都會賣這道菜，通常會搭配餅皮出菜，餅包著吃，是北方菜的一大特色。

京醬與肉絲，京醬：北京人叫「黃醬」，也就是黃豆製成的醬，而甜麵醬，北方菜也常用，是否因為北京人用的方式，就叫成京醬，無法確定，但這道菜兩種醬都有師傅用。說到肉絲，因為這道菜強調的是肉絲，就要講究，一是使用的部位，二是刀工，先說刀工的故事，看看我們的前輩到底有多厲害。

南宋曾三異的《同話錄》記載：有一年山東泰山舉辦絕活表演，名為「天下之精藝畢集」裡面有精於廚藝表演者，「有一庖人，令一人裸背俯伏於地，以其背為几，取肉一斤許，運刀細縷之，撒肉而拭，兵背無絲毫之傷。」白話的意思是：以一個人的背為砧板，用刀切細肉絲，切了一斤多，背上無一點傷痕，這是 1000 年前南宋的記載，如今我們刀的製作更精進了，但是技術呢？

切肉絲是基本功，傳統的廚師，剛進廚房，除了洗工具之外，刀功是從切蒜片、薑絲開始，一早備料就開始切，中間打雜，到了下午的備料，還是不停的切蒜片、薑絲這周而復始的無聊動作，為何一直做？這就是基本功，練完切硬的，才能去切軟的，肉絲就是軟的，刀刀要乾淨俐落，常常在外面吃個肉絲炒飯、榨菜肉絲湯，肉絲不是切的祖孫三代（長、中、短），就是一坨肉絲連在一起。現在餐廳在叫貨時，可以叫蒜片、蒜碎（大、小皆有）以及薑絲，叫什麼有什麼，更可以叫肉絲、肉片，當然人力的高漲是原因之一，但這些基本功如果都不會，怎麼可能做好菜呢？

京醬肉絲要帶餅、千張配著吃

一般的館子，無論是北方館、川菜館，甚至江浙菜的館子都會賣這道菜，就像是客家小炒已征服了全台灣的餐廳，北方館出這道菜，是帶

餅出，餅包著吃。2017 年我去了哈爾濱，他們的出法，不是帶餅出，而是附著「千張」出，以千張包著肉絲吃，這在台灣是沒見過，問了一下，原來台灣的千張太厚，口感不佳，才不用。千張是豆腐的一種，一般豆腐的含水量 85%，以下稱為「老豆腐」，含水量在 92% 左右的稱為「嫩豆腐」，千張則是豆花階段，包布、榨水煮成，含水量更少的就是豆乾，同樣的方式，做成更大、更薄的就叫百頁，也能叫千張，百頁打結就稱為「百頁結」；而千張有厚薄之分，厚約 0.3 公分，薄的大概在 0.1 公分，台灣做的太厚，大陸的是薄而有勁，非常好吃，台灣的店家，也可以試試。

最後要注意做這道菜除了肉要用裡脊純瘦，肉得要切的均勻，肉絲的醃製與炒肉絲的火候都很重要，醃了甜麵醬的肉絲，需靜置一下，入味後，不要太高溫的油，滑開肉絲，撈起。蔥絲先泡水再瀝乾，墊於盤底，肉絲再下鍋與醬同炒，翻兩下就可起鍋，放在蔥絲上，成菜，若不喜歡蔥絲的，可以改成小黃瓜墊底，也是很對味。

這是以豬裡脊肉為主角，搭配黃醬或甜麵醬，與醬同炒，所以肉絲的醃製和炒肉絲的火候都很重要，起鍋後可搭配蔥絲或小黃瓜食用，十分對味。

● **食材**

裡脊肉150g、蔥80g、薑5g、豆腐皮或鴨餅數張

● **佐料**

胡椒粉0.1g、太白粉3g、米酒10g、香油5g、醬油10g、甜麵醬30g

● **醃料**

胡椒粉0.05g、太白粉3g、香油2g、醬油3g

● **做法**

1. 裡脊肉切絲後加醃料胡椒粉、米酒、香油、醬油醃製。鍋中倒入沙拉油約100g，油溫約在60 ～ 70度，接著過油，拉開肉絲。

2. 蔥、薑切絲後泡冰水，去雜質，增加脆度與口感，瀝乾後放於盤底。

3. 起油鍋，加入肉絲與甜麵醬及胡椒粉、米酒、香油、醬油，太白粉加水拌勻，倒入鍋中勾芡拌炒，淋上生蔥薑絲即完成。可以搭配豆腐皮或鴨餅包夾來吃，是北方菜的一大特色。

TIPS 這道菜也可以不勾芡，炒完後放上生蔥薑絲，只是油感會比較重。

合菜戴帽

炒合菜是很家常的做法，但在菜的處理，就要注意食材切法要一致，切絲，長短大小要一樣；講究的炒法是不同的食材分別下鍋炒熟，以免出水或不入味。

台灣北方館有道物美價廉的代表菜：合菜戴帽，合菜，再戴個帽子。合菜就是瘦肉絲、韭黃、筍絲、香菇、紅蘿蔔、青江菜等合炒，戴帽就是攤個蛋蓋在合菜上，這是台灣的合菜戴帽。

看看老祖宗他們是怎麼說的？《本草綱目》：「元旦立春以蔥、蒜、韭、芥等辛嫩之菜，雜合食之，取迎新之意。」這是說農曆立春之日，食五辛盤，也就是吃春捲。唐朝杜甫詩：「春日春盤細生菜，忽憶兩京梅開時」，說的也是立春那天，要「咬春」，春餅要捲很多青菜，北方冬季無蔬菜可食，立春吃的便是新上市的蔬菜。

北方春餅與南方潤餅的獨特風味

從上述所言的春餅，再回頭看台灣的潤餅，是清明時的節氣食物，潤餅的餅，是南方的做法，一樣的麵糊，卻很有看頭，麵和的略稀些，抓一坨在手中，好像甩不掉的感覺，一個平而圓的煎板，不能有邊，往下甩著轉一圈，就是一張潤餅皮。到了清明，菜市場賣潤餅皮的，就忙不完了，而潤餅的餡料，也幾乎以蔬菜為主，有些香腸或鴨肉，也只是點綴，但在台灣卻有著獨特的風味「花生粉」，這在北方是未見過的，現在看看北方人吃春捲的方式：春餅皮是用燙麵烙的雙層薄餅，一次烙兩張，揭開來吃，燙麵烙的皮軟些，現在很多餐廳隨著合菜附的餅，就是包烤鴨吃的鴨餅，在我小時候的記憶，外公是用冷水麵和的餅皮，烙好後，較為紮實，硬些，外公取名為「死孩子皮」。

至於春餅包的菜，有豆芽菜、粉絲、韭菜、韭黃、蛋、葷菜則有醬肘子、醬肉、燻肉、爐肉等。這些菜一起炒，攤個雞蛋，蓋在上面，就成了北京說的「合菜蓋被窩」台灣叫的是「合菜戴帽」，哪個好聽呢？現在看梁實秋先生家裡是怎麼做的，薄餅也是兩張一烙，菜則分為熟菜與炒菜兩種，熟菜：有醬肘子、燻肘子、大肚兒（胃）、小肚兒（膀胱）、香腸、燒鴨、燻雞、清醬肉、爐肉（烤五花肉，皮酥脆）、皆切絲狀，這些都是北京的盒子菜。

而炒雜合菜，攤雞蛋（切成長條狀）炒波菜、韭黃、肉絲、豆芽菜、粉絲，若是將韭黃肉絲、豆芽菜、粉絲炒在一起這就叫炒合菜，一定會附上醬與蔥段，吃的時候，隨自己喜好，捲起來就可以吃了，這是梁大師家的做法。

正值清明，到市場買些潤餅皮，現在也有做全麥的，很好吃，要自己動手做，炒個紅椒豆乾肉絲，高麗菜與紅蘿蔔切寬絲清炒，切點滷的牛腱，再炒個當季的綠色蔬菜，加些切小塊的剝皮辣椒，一捲而食之，真愜意。

炒合菜不可或缺的主角

在台灣的合菜戴帽，是單出的，大部分的店家都附餅，但沒有另外附蔥、醬，炒的合菜也各有不同，有的加粉絲，有的加肉絲，榨菜皆可，但一定會有韭黃。韭黃即韭菜，又名「草鐘乳」，一名「起陽草」，因其有強陽壯精之功效（可能要吃幾

噸）。另一種叫春韭，春天的韭菜最好，韭黃則是韭菜軟化栽培，經人工讓韭菜生長不與太陽行光合作用，無法產生葉綠色，則成為黃色的韭菜，台灣叫白韭菜（台語音），在北京蒜苗也可以這樣栽種，因而叫蒜黃，這是台灣沒有見過的，台灣的韭黃也是 1949 年之後大陸人士來台才栽培而成的。

炒合菜，是很家常的做法，但在菜的處理，就要注意所有的食材切法要一致，切絲，長短大小要一樣，講究的炒法是不同的食材分別下鍋炒熟，不同食材火候不一樣，醃的筍與鮮筍不一樣，豆乾與豆芽、韭菜的時間也不同，同時下鍋，有的剛入味，有的則出水了，整個來炒，炒出來溼答答的，一捲餅就破了。

最後說一個中國人的冷幽默，明代郎瑛《七修類稿》卷五十一，奇謔類。「昔人請客柬，以具饌二十七味。客至，則惟煮韭、炒韭、薑醋韭耳。客曰：『適云二十七味，何一菜乎？』
主曰：『三韭非二十七耶？』」這是三
韭故事，源於南齊人庾杲，庾杲
官至尚書駕部郎時，生性節
儉，每餐只吃燙韭菜、
炒韭菜、醃韭菜，
有人就諷刺他說：
「誰說庾杲貧，
每餐吃 27 道菜，
三韭不是 27
道嗎？」

大廚 教你做

合菜的使用的食材少不了韭黃，其他的配菜則可依喜好選擇，如筍絲、紅蘿蔔、青江菜、豆芽菜等蔬菜，合炒並調味後，再攤一個如薄帽的煎蛋在合菜上即完成。

● **食材**

裡脊肉60g、韭黃20g、筍絲30g、香菇5g、紅蘿蔔20g、青江菜30g、雞蛋1粒、蔥5g、薑3g、餅數張

● **佐料**

鹽1g、胡椒粉0.2g、太白粉3g、米酒10g、香油5g

● **醃料**

鹽0.5g、胡椒粉0.1g、太白粉3g、香油2g

● **做法**

1. 裡脊肉切絲後加醃料胡椒粉、米酒、香油醃製。鍋中倒入沙拉油約60g，油溫約在60～70度之間，接著過油，拉開肉絲。
2. 香菇泡軟後切絲、紅蘿蔔、筍子、青江菜均切絲，韭黃則切段。
3. 蔥、薑切細碎後入鍋爆香，加入所有蔬菜絲一起煸炒，再放入胡椒粉、米酒、香油、鹽及肉絲，接著將太白粉加水拌勻，倒入鍋中勾芡拌炒後即可起鍋。
4. 雞蛋打成蛋液，另起油鍋倒入蛋液，煎成蛋皮後，鋪蓋在炒合菜上面即完成。可以搭配豆腐皮或鴨餅包夾來吃。

木樨肉

這道木樨肉的做法是用裡脊肉，不會用帶肥的豬肉，用小的雲耳才有味道；再加入炒好的蛋快速調味（本味）起鍋，就是一盤家常的木樨肉。

中國菜的命名是有依據，不是憑空想像出來的，在台灣有些餐館的菜單上，會有「木須肉」或「木需肉」出現，也有些小館會賣木須炒麵，有位台灣出名的旅行美食家，對全台灣的小吃很有研究，也寫了很多小吃的報導，他寫了台中一家賣蒸餃的小館，這家小館傳承的是西北菜，裡頭就有道木須炒麵，他寫道：「木須炒麵就是蛋炒麵」，反正名人寫的別人是不會懷疑的。

原本很納悶這道菜為何叫木須？木須和這個菜出來的樣子、用的食材、烹調技法都沒有關係，是很簡單的一道家常菜，更沒有哪位偉人或名人加持過，怎麼會叫木須呢？直到看了大陸山東菜的食譜，寫的是「木樨肉」，才查了木樨的解釋，看完後解開了數十年的疑惑，木樨指的是桂花，桂花是黃花、黑枝，而雞蛋是黃色，木耳是黑色，凡是木樨的菜則必須有的是食材就是雞蛋與木耳，合理吧！這也證明了中國菜的命名模式。

肉談過了，雞蛋也不用再說明，就來聊聊木耳吧！名醫李時珍的《本草綱目》菜部第 28 卷：「木耳生於朽木枝上，無枝葉，乃濕熱餘氣所生，曰耳曰娥，象形也，曰檽，以軟濕者佳也，曰地生為菌，木生為娥，北人曰娥，南人曰蕈。」原來木耳是長在朽木上的一種菌，因其形狀像人的耳朵而得名，也叫「黑木耳」，因其色黑，是一種常見的食用菌，書上記載木耳長在朽木上的，那就是好木耳，如今大家吃的大概都是長在太空包的木耳，有木耳的形，而沒有木耳的味。

中國各地皆有木耳

　　東北黑龍江，東南之東寧縣所產生之木耳，到了冬天，人們成群結隊的到大雪覆蓋下的山林，砍伐樹木，然後放置陰濕之地，任其腐朽，第二年春天再去栽種，排列整齊，待溫度上升，則可發出質佳的木耳。

　　在廣西百色地區，亦盛產木耳，百色是亞熱帶區，山高林密，有雨有陽光，適合木耳生長，其地區有五種木耳，最佳的叫雲耳，另有白背木耳、黃背木耳、金木耳及砂木耳，並不是所有腐木所生木耳，皆可食，有的是含毒性。以前記載是，桑、檜、楮、榆、柳五木才生木耳，故以前木耳也叫「五木耳」，這也是說明了古書記載時不知木耳會生是因為菌種、孢子而產生的。

　　木耳的英文名子叫「Jew's Ear」意思是猶太人的耳朵，這才是最令人不解的。

　　前兩年去哈爾濱，有道菜是黑木耳與白木耳同燒，是鹹的，非甜品，燒的是本味，加鹽調製而已；黑是黑，白是白，黑白木耳大小也一樣，極佳（台灣在市場買的黑木耳，有時和臉一樣大，卻一點味道都沒有）；常常吃黑木耳對身體很好，在日常的飲食中，無意中會吃了許多雜質，黑木耳則會帶著吃下去的雜質，排到體外，而現在流行黑木耳汁，也是健康的趨勢。

這道木樨肉的做法是用裡脊肉，不會用帶肥的豬肉，用小的雲耳才有味道。先汆燙至 5 分熟，接著將蛋調味先炒好，另起油鍋炒肉絲與木耳，再加入炒好的蛋快速調味（本味，只加鹽）起鍋，就是一盤家常的木樨肉，記得不要再寫成木須肉了。這是北方的山東菜，另在膠東地區有道菜叫「木樨仙子」，膠東地區沿海盛產蟶子，一種長型貝類，取其肉，鮮甜，與木耳雞蛋同炒，就成了木樨仙子這道菜。

大廚 教你做

這道菜以豬肉片與雞蛋、木耳等食材混炒而成，並不難烹調。因為炒雞蛋的顏色亮黃而碎，木耳則是深黑色，類似木槢而得名。

● **食材**

裡脊肉60g、筍10g、木耳30g、紅蘿蔔10g、青江菜20g、雞蛋20g、蔥5g、薑3g

● **佐料**

鹽1g、胡椒粉0.2g、太白粉3g、米酒10g、香油5g

● **醃料**

胡椒粉0.1g、太白粉3g、鹽0.5g、香油2g

● **做法**

1. 裡脊肉切絲後加醃料胡椒粉、香油、鹽、太白粉醃製。鍋中倒入沙拉油約60g，油溫約60～70度，接著過油，拉開肉絲。

2. 紅蘿蔔、筍子、青江菜、木耳切絲備用。準備好蛋液，入鍋炒至凝固起鍋備用。

3. 蔥、薑切細碎，入鍋熇炒爆香，放入所有食材與肉片拌炒，並加入胡椒粉、米酒、香油、鹽拌炒均勻。

地三鮮

運用三種新鮮的蔬菜合炒：土豆、青椒、茄子，這三樣食材須分別處理，馬鈴薯與茄子需先煎，才能下青椒合炒，以本味為主，下點鹽就可以了。

　　這是台灣餐廳沒有的菜，是東北黑龍江的傳統家常菜，土地上的三種生鮮蔬菜，土豆（馬鈴薯），青椒、茄子，東北有半年的時間地是凍住的，但開春種地，有了新鮮蔬菜可食，是極為暢快之事，因而到了夏天的黑龍江就有了「地三鮮」。先談談最常用的馬鈴薯，也叫「洋芋,」大陸叫「土豆」的多，但山東、江蘇交界地盛產的馬鈴薯叫「山藥蛋」。馬鈴薯原產於南美洲，18世紀時經歐洲傳到中國才開始種植，栽種最多的是蘇俄，但德國研究的最為深入，據稱有兩千多的品種，畢竟這是歐洲人重

要的主食來源之一。馬鈴薯形狀像馬鈴,而地下根莖類叫薯,在中國學名就叫馬鈴薯,在台灣馬鈴薯用來食用居多,但它有很大的功能在於取澱粉用於工業及提煉高純度酒精。

馬鈴薯發芽就不能吃了,這是基本常識,因為發芽產生龍葵素,微量的龍葵素就會致命,平常在冰箱 3 ～ 5 度的溫度是保存馬鈴薯最好的溫度。馬鈴薯的澱粉含量多,吃多了就會胖,所以亦可當主食吃,常常在大陸旅行時,到了陌生的城市,去餐館吃飯,點個酸辣土豆絲包準沒錯,好吃又便宜,不會出現奇怪的調味,幾乎成了大陸的國菜了。一點蔥花或青椒絲,少許花椒、乾辣椒(紅椒絲亦佳),一點鹽,再滴些醋,就成了;每次點這道菜時,看到那土豆絲切的如此工整,粗細均勻,點綴著淡淡的綠與紅,價錢又是如此的親民,真好。

青椒已說過了,再聊聊茄子,茄一名「落蘇」,按《五代貽子錄》:「作酪酥,蓋以其味如酪酥,於義似通」其實不懂,茄子味怎會如酪酥呢?隋煬帝時改茄曰:「崑崙紫瓜」原產地為印度,有的說是漢朝張騫通西域經崑崙帶來的,有的說是唐朝末年經暹羅(泰國)傳至中國,反正不是中國原生種,而是外來貨,台灣對茄子,有個特殊的叫法,現在市場上老一輩的人還是如此稱呼,叫「紅皮菜」,以台語發音,年輕人已經不知道這樣的叫法,至於英文「Eggplant」,則更有意思,應翻譯為「種出來的蛋」,還是「蛋狀的植物」有的茄子很像蛋,這蛋未免也太大了吧,只有鴕鳥蛋才那麼大。

茄子的各種吃法

《紅樓夢》裡,劉姥姥進大觀園吃到「茄鯗」是這樣做的,鳳姐說:「你把剛摘的茄子,刨皮,只要淨肉,切成碎丁子,用雞油炸了,再用雞肉脯,和香菇,新筍,蘑菇,五香豆乾,各式果子,都切成丁,拿雞湯煨乾,香油一收,糟油一拌,盛在瓷罐裡封嚴了,要吃的時候,拿出來用炒的雞瓜子(雞腿肉或山雞肉) 一拌就成了」。劉姥姥聽完

後，一吐舌說：「我的佛祖！倒是得多少隻雞配它，難怪是這個味」，這是曹雪芹寫紅樓夢時，賈府吃茄鯗，也就是曹雪芹家裡的飲食寫照，多奢侈、多講究。曹雪芹是南方人，北方人都沒那麼費事，夏天茄子上市時，茄子去蒂，不要切，掰成兩段，入電鍋蒸熟，不用刀切，用筷子劃開，把水分擠乾，蒜末，三合油（醬油、麻油、醋）少量鹽，再加一點糖一拌，熱的拌，吃不完就冰起來，下頓更好吃。

湖北人常做「茄夾」，做丸子的肉餡，調味好，將長型茄子，切蝴蝶刀，裡面鑲肉，裹麵糊，炸透起鍋，蘸醬吃，這就是湖北家常菜。而梁實秋先生家裡炸醬麵的醬，他會加茄丁下去，極佳，絕對比加豆乾、花生好吃，我自己試過，大家也可以試試。其實地三鮮使用的食材不受限，除了馬鈴薯、茄子、青椒，也可自行添加，但這三樣食材需分別處理，馬鈴薯與茄子需先煎，才能下青椒合炒，以本味為主，下點鹽就可以了。

大廚 教你做

以三種時令的新鮮食材：茄子、土豆、青椒為主，也可自行添加其他食材。基本的調味是鹽與些許胡椒粉，吃得出蔬菜的新鮮本味。

● 食材

馬鈴薯100g、青椒30g、茄子100g、蔥10g、薑5g、蒜頭10g

● 佐料

鹽1g、胡椒粉0.2g、太白粉3g、米酒10g、香油5g、太白粉3g

● 做法

1. 馬鈴薯切滾刀塊、茄子切對半，入熱油鍋炸熟備用（油量約150g），接著將青椒切片備用。
2. 蔥、薑、蒜頭切片，入鍋爆香後加胡椒粉、米酒、香油、鹽及馬鈴薯塊燜煮約3分鐘，再加入茄子拌炒均勻，將太白粉加水拌勻備用。
3. 接著放入青椒片拌炒，起鍋前倒入太白粉水勾芡，拌炒均勻即可起鍋。

CHAPTER 3

軟炸・燒菜

熱炒學會了，可以開始練習「軟炸」與「燒菜」的技巧。軟炸，能讓食材維持微軟的原色狀，口感軟嫩。燒菜，除了燒雞、燒肉，也包括糖醋魚與烤鴨，風味多變，更是餐桌上的主角。

軟炸與燒菜的精髓

菜炒完了，接著就是炸的技巧了。在這裡只先介紹軟炸，燒的做法。

從燒雞、到燒肉裡面有大傢伙 —— 帶把肘子；再來，酸酸甜甜的糖醋味做成透明的糖醋魚、還有喜氣洋洋紅色糖醋魚、糖醋汁拌麵，不輸義大利的紅醬汁。最後的大件 —— 烤鴨，北方菜少不了鴨子菜，香酥鴨、八寶鴨，當然最熱門的還是烤鴨，一吃、二吃、三吃、四吃⋯⋯

中華民族歷史上文人、畫家大部分都是在死後比生前有名、有價值，唯獨蘇東坡例外。生前他的字，就有他的朋友韓宗儒拿來（或者説騙來）換飯吃，這是另一個故事，當然免不了有很多事物冠上他的名字，東坡肉是最好的例子，杭州老百姓為感謝他，而有了東坡肉這個菜名，而另一道著名的菜色就是筍燒肉。

蘇東坡寫了《豬肉頌》，只是説黃州的豬肉好，應該怎麼燒，而這樣的燒法，不是他創的，既不空前也不絕後，原文如下：「淨洗鍋，少著水，柴頭罨煙焰不起。待他自熟莫催他，火候足時他自美。黃州好豬肉，價賤如泥土，貴者不肯吃，窮者不解煮，早

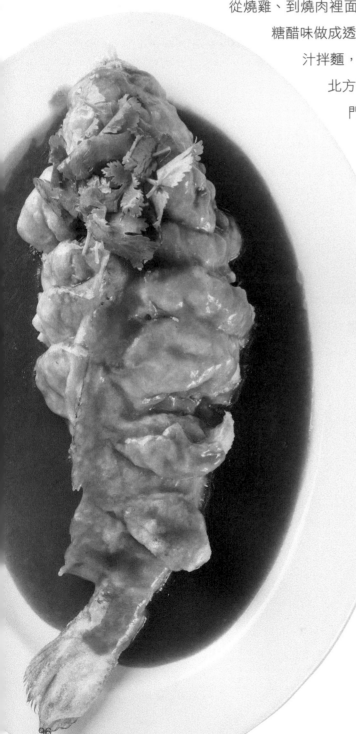

晨起來打兩碗，飽得自家君
莫管。」

至於筍燒肉更不會是蘇東坡
創的，可看他的詩。《於潛
僧綠筠軒》：「寧可食無肉，
不可居無竹。無肉令人瘦，無
竹令人俗。人瘦尚可肥，俗士不
可醫。旁人笑此言，似高還似痴，
若對此君仍大嚼，世間哪有揚州鶴？」
這是他寫給杭州寂照寺綠筠軒惠覺和尚，說
的是瘦還有救，但俗就無藥可醫了，並非在談論筍
燒肉。

雖然筍燒肉不是他所創的，但台灣有全世界最好吃的綠竹筍，拿它來燒
肉，真的是不俗也不瘦了，現在吃，正是時候。

軟炸裡脊

調了蛋液麵糊裏上裡脊肉，軟炸後不焦酥，而是保持微軟的原色狀，口感軟嫩又具香氣。

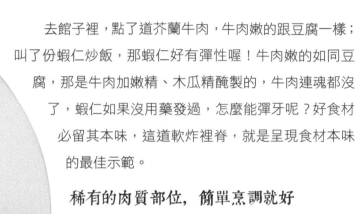

去館子裡，點了道芥蘭牛肉，牛肉嫩的跟豆腐一樣；叫了份蝦仁炒飯，那蝦仁好有彈性喔！牛肉嫩的如同豆腐，那是牛肉加嫩精、木瓜精醃製的，牛肉連魂都沒了，蝦仁如果沒用藥發過，怎麼能彈牙呢？好食材必留其本味，這道軟炸裡脊，就是呈現食材本味的最佳示範。

稀有的肉質部位，簡單烹調就好

軟炸裡脊，用的就是豬肉最嫩的精肉，只要肉好、新鮮，略為斷筋，再醃一會兒，就很好吃。這道菜，不是焦炸，也不是酥炸，用軟炸。一般酥炸，是醃到好直接下去炸，即便有裹粉，也是少量而已，用的油溫較高，也炸得酥些。而軟炸，一定是調蛋液麵糊的，表面得炸得不焦酥，保持微軟的原色狀，口感軟嫩。

只要將裡脊肉略微斷筋拍打，調些鹽、白胡椒、油、香油，靜置入味，再起油鍋，要留意炸的油溫不要過高，炸的時間短一點，就成了。還可以自製椒鹽，黑胡椒、白胡椒都可以，但最對味的是花椒鹽，不建議買市面上現成的，因為胡椒鹽大概添加了味精，自製真的不麻煩。

連皇帝也搶著要的松阪豬

這幾年大家很喜歡吃一塊肉，豬的松阪肉，為何叫松阪肉，不太了解。這塊肉一隻豬只有左右頸部各一塊，每一塊約 7～8 兩左右，但在市面上一個 70～80 元的便當，也可以買到，為什麼？進口的嗎？其實那是豬的另一個部位，從三層肉取下的雙層肉，那就是冒充的松阪肉，便宜多了。早期因這塊肉是夾在豬頸肉裡，與豬頸肉一起攪碎做肉臊用

的，如今是奇貨可居，在歷史上是這樣記載這塊肉的：「晉元帝司馬睿鎮守建業（今南京），元帝始鎮建業，公私窘罄，每得一豬，以為珍膳，項上一臠尤美，輒以薦帝，群下未嘗敢食，於時呼為禁臠。」

　　1800 年前的晉元帝，鎮守南京，當時連一般的糧草都缺，他這當皇帝的所吃豬肉的那兩塊精肉，就是禁臠（ㄉㄨㄢˊ），也就是今天的松阪肉。而禁臠一詞到了唐朝已變成比喻獨佔之物。武則天的寵妾上官婉兒，有次背著他與武則天的男寵張宗昌調情，被武則天撞見，醋性大發，一怒之下，找出匕首刺向上官婉兒，傷其左額，並怒斥：「汝敢近我禁臠，罪當處死。」原本形容肉品的詞彙，已經成為不容別人染指，分享之意，不再專指豬頸肉。

炸得金黃的裡脊肉，再搭配自製的胡椒鹽，食材自身的美味，不言而喻。

● 食材

裡脊肉100g、雞蛋1粒

● 佐料

胡椒鹽2g、麵粉30g

● 醃料

鹽1g、胡椒粉0.2g、香油5g

● 做法

1. 裡脊肉切成條狀，加入醃料胡椒粉、香油、鹽醃一下。

2. 調麵糊，麵粉加入蛋液（約30g）拌勻，將肉條充分沾裹後，再入鍋炸，麵皮較軟Q。

3. 胡椒鹽用小碟裝盤，與炸過的肉條一起上桌即可。

TIPS 要炸之前再醃，這道菜要現醃現炸才好吃。

椒鹽丸子

丸子可大可小，要丸子好吃可得花點力氣。小丸子炸一炸酥脆噴香；大丸子除了個頭大，也有許多歷史軼聞，更被賦予了不少吉祥美好之意。

炸丸子，或是有人稱「炸圓子」，都是一樣的。中國各地的習俗各異，不過在過年的時候，都是要做丸子。

大多都是豬肉丸子，除了回教的牛肉丸子、雞肉丸子，湖北地區有做藕丸子、豆腐丸子；香港地區的魚蛋，其實就是魚丸。潮汕地區的手打牛肉丸、台灣的貢丸、旗魚丸、虱目魚丸，但過年還是豬肉丸子居多，可以放在火鍋裡，燒大白菜、燴丸子，做丸子湯，但最簡單的就是炸了就吃，邊炸邊吃，有其樂趣。

隨著季節，肥瘦比例也需跟著更迭

大家都說，做丸子的肉，要手工切，要比絞肉好吃，那是當然了。幾十年前，沒有絞肉機，當然是手工切，再剁細。

但現在來看，要做小丸子，絞肉就可以啦！要粗一點就絞一遍，要細一點，就絞兩遍，至於肉的肥或瘦，就看個人的喜好了，原則上不要純瘦的肉，太柴了。

台中有好吃的回教清真館的牛肉丸子，一定會打湯汁和油的，早期物質尚未如此富裕前，肥肉的比例會高些，如今都建議少些肥肉。但夏天時我喜歡肥2瘦8的比例，到了冬天可以變成肥4瘦6的比例，一般的肉丸子餡，無須添加亂七八糟的調料，胡椒、鹽、蔥、薑汁、油、一點黏合劑（蛋或太白粉），就很好吃了。

炸丸子，宜小不宜大，最好一口一個，外皮焦酥，咬下去，帶點濕潤的蔥薑味，就是好吃的丸子，丸子本身味就已經夠了，附個椒鹽或泰式醋辣醬就能別具風味。

炸丸子，連文豪也風靡的好滋味

梁實秋先生回憶兒時吃炸丸子時，寫的真好，「我小的時候，根本不懂什麼五臭八珍，只知道炸丸子最可口，肉剁得鬆鬆細細的，炸得外焦內嫩，入口酥香，不需大嚼，既不吐核，又不摘刺，蘸花椒鹽吃，一口一個，實在美味。」在梁大師的記憶中，每每有炸丸子吃時，總是不夠的。從現代的眼光看回那個年代，多少有點飢餓行銷的味道！不過，任何東西，吃多了，都不會有好吃的味道留在記憶裡。

自己要做也很簡單，選擇豬絞肉，肥 3 瘦 7 的比例，調味料選擇鹽、白胡椒、米酒。將蔥切細，薑處理成薑汁或薑末，調味合拌，按照順時鐘方向攪拌，別忘了加些太白粉，最後打個蛋，打到發出了黏合性，就可以炸丸子了。一邊擠，一邊炸，成金黃色就可撈起。現炸現吃，附上蘸醬即可，多的放涼後，凍起來，隨時可用。

大丸子的美好寓意，
南北皆然

北方有道菜叫「四喜丸子」，丸子很大，在南方就叫「獅子頭」，做這樣的丸子，就應該是「細切粗斬」，切細丁，再斬一會兒，這樣做出來的大丸子，表面是粗粒狀，而非平滑面，燒起來的顏色與形狀就像公獅子那蓬鬆的頭了。

　　傳統四喜丸子是這樣來的，唐朝時，張九齡考上了狀元，他家境清寒，皇帝賞其才智，招為駙馬，成婚時，他叫家廚做一道吉祥菜來慶祝，考上了狀元、成婚，還是駙馬，父母也來團圓，廚師做的是四個先炸後蒸，並澆湯汁的大丸子，張九齡則說：「四圓，即四喜，一喜：金榜題名，二喜：洞房花獨，三喜：為乘龍快婿，四喜：闔家團圓。」此後在北方的重大喜慶上就有了四喜丸子這一道菜。

　　到了南宋文學家洪邁的《容齋隨筆》，四喜則是：久旱逢甘霖，他鄉遇故知，洞房花燭夜，金榜題名時。北方的四喜丸子與南方的獅子頭（揚州的大劗肉）是略有不同，待到淮揚菜再談談獅子頭的做法與源由。

大廚 教你做 　自己做過一次丸子，嘗過那種 Q 彈的口感、新鮮食材的味覺衝擊後，從此你就只會鍾情於自家手做的丸子。

● **食材**

豬絞肉150g、雞蛋20g、蔥5g、薑2g

● **佐料**

鹽2g、糖10g、胡椒鹽2g、胡椒粉1g、太白粉5g、米酒5g、香油5g、白醋10g、糖10g、、番茄醬30g

● **醃料**

鹽1g、胡椒粉0.2g、香油2g、蛋液20g

● **做法**

1. 以肥瘦比為3:7的豬絞肉，加入蔥、薑後，剁到極細。
2. 豬絞肉加入醃料胡椒粉、香油、鹽及蛋液拌勻後，需反覆摔打直到產生黏性。
3. 用手將絞肉擠成丸子狀後，入油鍋炸熟（油量約300g）。
4. 以糖、白醋、番茄醬為1:1:3的比例調配糖醋醬汁，拌勻即可，再取胡椒鹽以小碟裝盤，搭配炸好的丸子。

TIPS　肉剁細可以讓炸後的成品表面均勻好看；反覆拌絞肉，可以讓丸子的口感更佳。

蔥燒刺參、紅燒海參

刺參、海參這樣的食材，單獨來看是沒有味道，需要其他食材的搭配，才能顯出其尊貴的一面，食材間的影響與交會，打造出的新火花，令人充滿驚喜。

過年前為拍這本北方菜去買刺參，台中的大菜市場，建國市場與東興市場都找遍，雜貨商也去問了，看到的都是已發好的海參，也就是海茄子，沒有刺參。

正宗刺參要價不斐，小心海茄子冒充

早期台中第二市場是賣高檔海鮮的，也有乾貨刺參，去問了一家老店，說有乾的刺參，買了兩條，一條 380 元，想想比台北迪化街一條 500 元便宜，再問了，是哪裡的？老闆說：「土耳其的。」然而最好的是日本和山東遼東灣的，反正不吃，只是拍照，「型」像就可以，買回去一發，發現自己上當了，還是條海茄子，只是乾貨看起來是一樣的。我想這位年輕老闆不是存心騙我，因為他認為這就是刺參。

山東遼東灣的刺參，是正宗的刺參，現在就連大陸也是炒作的離譜了。頂級貨 1 斤 500 克大約有 40 條，賣 50,000 人民幣，平均 1 條 1,250 人民幣，是不是瘋了！而大陸的五星級飯店用的大概是 8,000 元人民幣 1 斤的，每條大概在 200 人民幣左右，在台灣，這樣的價錢是賣不動的。

如果你有機會到大陸去，看到上一碗清湯刺參或一段大蔥燒的刺參，只有 10 公分左右大小，這一盅最少是 300 人民幣起跳的，因為怕的是以海茄子來頂替冒充，所以一定是不切，完整的出來見你。

最畫龍點睛的配角，蔥、八角與上湯

魯菜擅調湯，山東章丘有像水果般多汁的大蔥，造就了「上湯刺參」「蔥燒刺參」，這兩道揚名中外的菜。而在南方上海最有名的就是蝦籽（卵）大烏參。刺參和魚翅一樣，本身無味，須靠上湯或是極鮮的蝦籽

同燒，一般的館子無法用刺參，只能用
海參燒菜，其實味道是一樣的，早年
台灣的川菜館有道海參燒肉，是用
海茄子燒五花肉，軟糯滑嫩，對
老人家而言，適口，但現在好
像也少見了。大約在 30 年前
的川菜館裡，常開的一道酒席
菜，非常適合祝壽、過生日，
名稱都會叫做「長生不老」，
也就是海參燒大腸，這道能上
得了檯面的菜，現在也都不見
了。

　　蔥燒海參還是刺參差別是很大
的，但不變的是蔥，無論是一般的三
星蔥還是大蔥，都是要煸出蔥的味道，如
果用的是大蔥，就要剝開蔥才能出味，否則蔥
還未出味，海參就糊了。早年用的是豬油，現也少用，
其實豬油適量，用對了也是很健康，無須聽到豬油就嚇跑了。

　　北方燒海參，當然會用到八角，去腥提香，最重要的是不能用白開
水去燒，要用高湯、上湯來燒，才會有味道、有價值。講究的餐廳是先
做蔥油，一大捆蔥才做出一碗蔥油，大蔥只用蔥白段，先炸後再
以雞湯蒸過的蔥白，這樣的蔥白與蔥油，才是蔥燒海參的精華
之處，袁枚在 300 年前就說了：「魚翅、海參皆為庸俗之輩，
須有好的上湯，才能顯出它的尊貴之勢。」看看，刺參、
海參一樣嗎？

北方人離不開的大蔥與大蒜

先聊聊大蔥，大蔥生長在北方，小蔥生
長在南方，大蔥生長在較低溫的地區，
以前台灣是沒種植，溫度不適合，現
在台灣的冬天以埔里的產量較多，

海參

刺參

而山東章丘的大蔥，長度大約 40～50 公分，直徑達 4～5 公分，像是嬰兒的手臂，台灣的大蔥就小一號了，大蔥只吃蔥白，蔥綠很難吃。北方的大蔥，會長的那麼好，除了蔥的種類外，最主要是栽培的方式，就像台灣種薑一樣，生長時要不斷的培土，越長越高，蔥地看起來就像一條條的深溝，當地人也叫它「溝蔥」，這種蔥白是不見天日的，所以嫩而脆，多汁，幾乎沒有辛辣味。

明朝李時珍：「蔥從囪，外直中空，蔥初生曰：蔥針，葉曰：蔥青，衣曰：袍，莖曰：蔥白，諸物皆宜，故云：菜伯，和事草。」他說蔥做任何菜皆適合，所以叫菜伯，和事草這別名取的好，蔥也正是這樣的角色。台灣的蔥，有日蔥，即宜蘭的三星蔥，而雲林、台中海線梧棲、清水是北蔥，在冬季是盛產期，宜蘭三星蔥則是夏季的產物，台灣最常用的紅蔥頭，則是珠蔥成熟後，膨大的鱗莖。

北方有道家常菜，到了東北也是家家館子都賣的，叫做「小蔥拌豆腐」，這時用的就不是大蔥了，因為小蔥綠的葉子可食，與豆腐拌起來，好吃也好看，於是有了歇後語：「小蔥拌豆腐，一清二白」的說法。

有大蒜就有小蒜

蒜的叫法，說法各異，台灣說大蒜，就是蒜頭，蒜苗是青蒜，蒜啦（拉長音），蒜臺，到了江浙、四川叫蒜苗，為了區分中國的原生種，李時珍在《本草綱目》葉部 26 卷：「蒜，家蒜有兩種，根莖俱小而瓣少，辣甚者，小蒜也，根、莖皆大而瓣多，辛而甘者，葫蒜也，大蒜也。」小蒜是中國的原生種，而大蒜也就是胡蒜，是張騫通西域帶回來的品種。傳說黃帝登山誤食有毒植物，眼看不行了，也不知道誰摘了野生的蒜讓他服下，解毒了，命也救了，才引進到平常家人的田裡。蒜栽種下去，到了秋冬長出來的葉子，就是蒜苗、青蒜，在過年前，蒜開始抽薹，就是花苞，此時蒜薹非常的貴，產期又短，過完年後就等蒜的鱗莖膨大，而土上的葉子，要全枯萎後，蒜才能採收，此時就是新蒜上市，一般的蒜，抽苔所以有很多瓣，大陸有的地區，不抽薹，種出來的蒜是沒有瓣的，就一是整顆的蒜，叫獨蒜，非常漂亮，台灣未見。到北京吃涮羊肉，一定配糖蒜，完全沒有蒜的辣味，卻是解膩聖品，到了山西麵館，看著桌上放著發綠的蒜，原來是醋泡的臘八蒜，多吃蒜，殺菌健康，可是最傷眼。

所以説北方人離不開蒜，嘴巴臭死了不説，蔥蒜通氣，老放屁，真是的，上下一起來，南方人碰到北方人説：「你怎麼老是放屁呢？」他回你：「屁是肚中之氣，豈有不放之理？」真是秀才遇到兵，有理説不清。

大廚 教你做　　刺參、海參的口感與美味，不是來自於食材本身，而是在高湯與其他食材的搭配下才顯出風味，因此每個步驟都馬虎不得。

蔥燒刺參

● **食材**

刺參100g、大蔥50g、薑20g、青花菜10g

● **佐料**

胡椒粉0.2g、太白粉5g、紅蔥油10g、米酒10g、香油5g、醬油20g

● **做法**

1. 刺參與海參先泡水發脹，紅燒後不易縮身，口感較Q彈。
2. 大蔥切長段後對切，再用手撥開大蔥片，入熱油中炸上色，紅燒後整體顏色較均勻好看。
3. 薑切細碎後入鍋爆香，加入紅蔥油、胡椒粉、米酒、香油、醬油調勻後放入蔥段、刺參燜煮入味，起鍋前倒入太白粉水勾芡。青花菜汆燙後做盤飾。

紅燒海參

● **食材**

海參100g、大蔥50g、薑20g、青椒1粒、裡脊肉20g

● **佐料**

胡椒粉0.2g、胡椒鹽0.2g、太白粉5g、紅蔥油10g、米酒10g、香油5g、醬油20g

● **醃料**

胡椒粉0.05g、香油1g、醬油2g、太白粉1g

● **做法**

1. 參照蔥燒刺參的做法1～2，取裡脊肉切片，加醃料胡椒粉、香油、醬油、太白粉醃製。倒入約100g沙拉油，油溫約60～70度，肉片準備過油。
2. 薑切細碎後入鍋爆香，放入蔥段、肉片及海參燜煮入味，以紅蔥油、胡椒粉、米酒、香油、醬油調味，太白粉勾芡後起鍋。
3. 青椒切成三角形，汆燙後加胡椒鹽拌炒做盤飾。

鍋燒肘子、帶把肘子

不論是肘子、蹄膀、豬腳還是豬手，不同文化裡對
豬的這個部位有不同的說法。最精彩的就是鍋
燒肘子這道菜，源自北方的特有技法，值
得一試。

　　要談鍋燒肘子這道菜，得先說鍋
燒的操作方式，這是北方特有的技
法，是一種先把大件原料蒸或滷入
味，裹上麵糊，再炸的烹調方式。

　　再來說肘子，就是蹄膀，去
骨的後腿上半截部位，下半截無
肉的部位就是豬腳，在早期的婚
宴喜慶，一定會上的菜，叫「圓
蹄」，都是一樣的。而帶把肘子，
只有北方用這個名稱，帶把是指
帶著骨頭的全豬腳，沒有取掉蹄膀
部分的肉，也就是像萬巒豬腳用的
全豬腳，在台灣蹄膀取的是豬後腳，
前腳就是整隻的賣，而廣東人也有叫豬
手的，是不是前腳都叫手？後腳才是腳
呢？那不成了擬人化，哈哈，到了粵菜再談
白雲豬手吧！

　　古人常說：「肉食者鄙」，下一句是「未能
遠謀」。吃肉的是笨蛋，不會多想，有勇無謀之意，
現代人則說吃肉的人殺生，吃肉以前是當官人的權利，貧
窮人家是難得吃到，後來變成富人的指標，早期台灣是吃不飽
的家庭居多，特別是這種大葷，因而在婚宴喜慶或拜拜才會出現這樣的

菜，除了代表團圓之意，最重要的是藉此習俗，大家補一補。以現代的健康概念而言，還是可以出肘子這樣的菜，只是在菜的設計上，可以多些創新搭配，肘子可改成扎蹄，冷食，川菜的魚香味也好吃，配德國豬腳的酸菜，也是很好的選擇，偶爾吃些肥肉，不會害人的。

帶把肘子兩吃，很簡單

想吃，就上市場買個肘子回來，現在市場都可以把毛除得很乾淨，先汆燙去雜質，整個肘子下去滷，有老滷更好，肘子厚、大的要滷 90 分鐘。可以用筷子戳看看，不要太爛就可關火。浸泡入味後，要擱涼，才能炸，否則熟的一炸肉就散了。裹麵糊，下油鍋炸，炸至表面金黃即可起鍋，切大塊，附上老虎醬，也就是滷汁調的蘸醬，也可雙味，多附一種花椒鹽，多一種口味的選擇，此道菜看起來肥肉多，但在滷與炸之間，油也走的差不多了，成菜應該是瘦肉不柴，肥肉不膩，外焦內嫩。

帶把肘子，瘦肉部分與皮、骨的部分做成兩種口味，用紅燒的方式，腳趾與中段剁小塊與蹄膀部位同燒，不要燒太爛，撿皮，骨多的部分，加些蔥、蒜、辣椒碎、麻辣油，一點醋，一點滷汁，趁熱拌一拌，放涼後冷藏，吃冷的。與帶肉的部分吃原味紅燒，這就成了兩吃的帶把肘子。

醬肘子為醬油出身正名

　　大陸學者端木蕻良，憶他年幼在東北時的醬肘子，他説的醬並不是我們説的醬油。清末民初，還沒現在的瓶裝醬油，東北盛產優質黃豆，到了春夏之交，家家都要做醬，每家都有個大醬缸，在製醬時的醬缸裡，用勺子舀出來的醬汁醃肘子，洗淨，煮熟，用白紗布包緊實，醃一段時間，拿出來，一蒸就可以吃了，這才真叫醬肘子。他寫看到家中桶裝醬油，是從日本來的，以為醬油可能是日本人發明的，其實醬油，在宋朝時已出現這樣的名詞，百分百是中國人的發明，而他説到家裡釀造醬時取的醬汁，也就是醬油釀造過程中會產生的元素。

大廚 教你做 豬腳的豐厚膠質帶來的軟口感，加上醬汁的提香與風味，偶爾吃一下，不論中式、西式，對健康無傷的。

鍋燒肘子

● 食材

蹄膀600g、蔥30g、薑30g、蒜頭20g、紅蔥頭20g、九層塔10g、雞蛋1粒、滷包1個（滷料請參考P.26）

● 佐料

糖10g、胡椒鹽0.2g、胡椒粉0.2g、麵粉50g、紅蔥油10g、米酒100g、香油5g、醬油300g、番茄醬100g、辣豆瓣醬100g

● 做法

1. 蹄膀先汆燙去雜質備用。
2. 接著製作醬汁。蔥、薑、蒜頭與紅蔥頭切片，入鍋煸炒後加入5g紅蔥油、0.1g胡椒粉、香油、醬油、糖、番茄醬、辣豆瓣醬、水（需蓋過蹄膀）及滷包，醬汁水滾後放入蹄膀，小火煮90分後，關火燜10分鐘。
3. 過濾醬汁後再加入紅蔥油、胡椒粉調勻做成蘸醬汁，蹄膀取出靜置放冷。
4. 取麵粉加蛋液調成麵糊，將蹄膀沾裹麵糊入油鍋炸，油溫約60～70度，外表炸硬後起鍋，切塊裝盤即完成。
5. 九層塔葉用熱油炸酥做裝飾。

帶把肘子（紅燒全蹄）

● 食材

蹄膀600g、蔥30g、薑30g、蒜頭20g、紅蔥頭20g、青花菜50g、滷包1個（滷料請參考P.26）

● 佐料

糖10g、胡椒鹽0.2g、胡椒粉0.2g、紅蔥油10g、米酒100g、香油5g、醬油300g、番茄醬100g、辣豆瓣醬100g

● 做法

1. 蹄膀汆燙與滷汁調配方式與鍋燒肘子做法1、2相同。
2. 過濾醬汁，再加約0.1g胡椒鹽、紅蔥油做成蘸醬汁，淋上蹄膀。
3. 青花菜汆燙後加胡椒鹽拌炒做盤飾即完成。

罈子肉

裝在瓷罈裡的紅燒肉，小火慢煨，肉都化了，極其費時，但味道極佳。此外，更有不少紅燒肉的不同面貌，值得一探。

罈子肉的來源有二說。一說為罈子肉是濟南風集樓飯店於清末所創，該店廚師以豬肋條肉加調料放入瓷罈中慢火煨煮而成，成菜色澤紅潤，肥而不膩，以瓷罈燉成，故名罈子肉。另一個說法則是濟南文陞園於光緒20年所創，做法相同。

這兩種說法，都是濟南的飯店所創，只是不同家，做法也都一致，做罈子肉一定封口而燉，連袁枚《隨園食單》裡的「瓷罈燉肉」於米糠中慢煨，總須封口。

上面說了這麼多，就是紅燒肉用罈子裝，封口燒肉，肉也爛，保持原味，五花肉燒了3個小時，還封口燒（就是帶蓋燒），肉不是爛，可能就是化了，這是北方燒肉的方式，燒的極爛，夾饅頭吃。

腳庫，是紅燒肉家族的一員嗎？

現回頭來看，上海也有紅燒肉，湖南毛氏燒肉，四川也有，台灣當然也有，外省人的燒肉，大概少不了蔥、薑、冰糖、醬油，有的放八角、肉桂，台灣的燒法在以前是不會放辛香料，放些酒、糖、薑等而已。而今市面上，我們看到的（焢）肉飯、爌肉飯，東坡肉這些都是紅燒肉，最奇怪的是「腳庫飯」，腳庫是什麼東西啊？

這得從賣豬肉的販子說起了，腳庫在台語發音其實是（ㄎㄚㄎㄡ），圓形的，也就是圓圓的蹄膀，但不知從猴年馬月的，什麼時候開始，出了個天才人物把蹄膀翻成了腳庫，至於「焢」還是「爌」其實都與紅燒肉無關，更無從查起這是怎麼跑出來的字，但大家再看看，現今台灣的招牌，是不是都是這樣寫的？2006年參加了一次盛大的飲食文化研討會，有位德高權重的老教授很斬釘截鐵的說，焢肉飯都切成方型的，所以應該寫成「框」肉飯，更離譜的是一位電視名人，說正確的寫法是「炕」字，北方的炕，成了炕肉飯，我聽了頭暈暈的，你認為呢？

複製慈禧太后的最愛燒肉菜餚：櫻桃肉

　　清朝乾隆時，有用紅麴米燒豬肉，配蠶豆米和櫻桃，用紅麴有健康概念，而當季的新鮮蠶豆與櫻桃，好看好吃又養生，在江蘇的揚州就有好幾種做法，有切的像櫻桃大小，用紅麴燒，看起來像櫻桃，也有用櫻桃與豬肉同燒，不用紅麴。

　　現在，來看看清末伺候慈禧太后的宮女 —— 德齡的回憶，談到慈禧晚年最喜歡的一道菜，櫻桃肉時的説法。上好的豬肉切成棋子般大小塊，一般説棋子，指的是圍棋，加上調味品（沒多加描述），便和新鮮的櫻桃（在沒有新鮮的櫻桃時，便把蜜漬過的櫻桃放在溫水裡浸著，還原新鮮櫻

桃的口味），和肉一起裝在白瓷罐裡，放些清水，白瓷罐以文火慢慢的煨著，大概 10 個鐘頭，肉也酥爛，櫻桃味也全出來了，尤其是湯，美味到極點，這是德齡的口述，你也可以試試，看好不好吃。

　　豬肉的部位，沒什麼特別的地方，用五花肉、梅肉、蹄膀，只要喜歡，就可以。記得肉先汆燙，不管再燒或直接燒，沒多大的差別，就是肉要先炒過，蔥、薑也要爆香。紅燒最重要的是要瓶好醬油，才能燒出好味道，記住蘇東坡的說法「少著水，慢著火，熟時它自美」紅燒肉還是很多人喜歡它的，至於蓋不蓋，自己看著辦！

大廚 教你做

慢火細燉加上滷包的香氣，色香味俱全的紅燒肉，其實真的很簡單。

● **食材**

五花肉300g、香菇5g、蔥15g、薑5g、蒜頭5g、紅蔥頭5g、滷包袋1個（滷料請參考P.26）

● **佐料**

糖5g、胡椒粉0.2g、米酒20g、香油5g、醬油30g、番茄醬30g、辣豆瓣醬20g

● **做法**

1. 五花肉切條入熱油鍋炸（油量約300g），香菇泡軟後擰乾後炸過，蔥、薑、蒜頭、紅蔥頭切片後炸出顏色。
2. 所有食材加滷包及全部佐料入罈盅，以小火滷至縮汁。
3. 起鍋前撒上蔥花即完成。

九轉肥腸

乍聽之下很平常的燒肥腸，其實有深厚的烹調工序與堅持，
貴得有道理。有機會品嘗，就放心的點來吃吧！

　　我的外公1949年從大陸撤退來台灣，他帶的兵裡有位叫劉
明禮的，他不識字，更不會寫，他的名字是在大陸入伍時，我
外公幫他取的。他是安徽人，但不知是哪個縣城，哪座山裡
來的。我小的時候，他在部隊裡的伙房當班長，所以都叫
他劉班長，每當拿到豬內臟時，都會在我耳邊說：「寧
要豬大腸，不要親生娘」豬大腸真的那麼好吃嗎？

魯菜裡的大明星：九轉肥腸

　　魯菜裡的九轉肥腸大概是這個菜系裡最有名的，
而九轉肥腸不就是燒肥腸嗎？有什麼稀奇呢？但在餐
館裡賣的貴，數數才幾個腸子頭，是在貴什麼？

　　傳說菜名是這麼來的，是山東濟南九華樓所創。
有次店主請客，席間有道菜叫燒大腸，客人品味後，
極度讚賞，眾人皆誇，酸、甜、鹹、香皆入味，有位
賓客說：「道家善煉丹，有九轉仙丹之名，食此佳餚，
可與仙丹媲美，就叫九轉肥腸吧！」名字是取的好，姑
且聽之。

　　回到濟南的現在，他們做的九轉肥腸與台灣的九轉肥
腸是一樣的做法嗎？

　　台灣的做法是從大陸來的「穿腸子」。穿過腸子才會出
現像年輪一樣，密實的一圈一圈，但在山東很多地方都不穿腸
子，台灣也偷工減料不穿了。用的都是大腸頭，但穿與不穿就差多
了，不穿有個洞，就像圈子，也像清朝官員手指上帶的玉板指，上海
就叫燒圈子、炸板指了。

九轉肥腸必須要有的堅持

做這道菜一定要用大腸頭，而且最少 50 公分以上大腸頭才能穿得起來，一條大腸頭穿下來，一切就只有 3 ～ 4 個了，貴就在這裡，一份就要用掉 3 ～ 4 條大腸頭。這還只是穿腸子，麻煩的在後頭。

腸子穿好後，要去腥再燒，燒的是白燒不上色，加一點八角、花椒、蔥、薑，燒到軟爛入味（濟南的做法，先炸再燒，台灣則是加以改良不炸了），這才完成了一半的工作。起鍋，沖洗，放涼後，放入冷凍隔夜，第二天才能用，待客人點時，才能燒。

燒的時候，鹹、甜、酸、香皆入味，直到湯汁快乾才起鍋擺盤。在每個肥腸放上少許翠綠的香菜，這道菜才算大功告成，成菜是紅棕色，而口感是鹹、甜、香，帶一點點微酸，腸子的咬勁有，但不爛的讓人噁心，這就是一盤及格的九轉肥腸了，記得下回點這道菜時，不要再嫌貴了，現在台灣這一道菜能做好的，也不多見了。

 **大廚** 教你做

帶著咬勁與微酸的美味，鹹、甜、香皆備的好滋味，得來不易，有機會品嘗就不要在意荷包了。

● **食材**

豬大腸1條、蔥20g、薑30g、香菜3g、花椒2g、八角3g、甜菜葉1葉、紅番茄1/4瓣、青花菜50g

● **佐料**

鹽1g、糖20g、胡椒鹽0.2g、胡椒粉0.2g、米酒10g、香油5g、番茄醬20g

● **做法**

1. 取豬大腸約50～60公分長，油脂部分洗淨，再將平滑面翻轉後加礬石或麵粉洗淨，再翻轉回油脂面，頭部翻轉約15公分、尾部翻轉約20公分，尾部朝內穿頭部組合即可。

2. 加蔥、薑及花椒、八角入鍋小火水煮1小時，呈現熟透及軟爛狀。亦可用蒸的。

3. 撈起沖洗，待冷後放入冷凍冰箱，隔夜再使用。

4. 九轉腸切1.5～2公分寬。鍋內加入10g沙拉油及糖，加熱炒糖汁（糖色）後再加入所有佐料，一起燜煮至縮汁即可。

5. 香菜切碎撒上九轉腸做裝飾，青花菜汆燙熟透加胡椒鹽拌炒做盤飾。

6. 若做套餐時，使用甜菜葉及紅番茄做盤飾。

栗子燒雞

栗子與燒雞的組合，食材間的特色與技法交融之下，成就了一道
世代流傳的經典菜餚。

　　栗子燒雞，主角當然是栗子，若要吃紅燒雞，到處都可以吃的到。
先說「紅燒」的技法，透過文字描述的話，燒：就是以水為加熱體，使原
料成熟成菜的技法。原料如果是經熰、煎、炸、蒸、煮等半成品，再加調
味與湯水，以大火燒沸，轉中小火燒入味，最後大火稠濃收汁，成菜，滷
汁少而黏稠，不加糖色，醬油，保持食材本色之燒法，稱之「白燒」。另
外，在廣東或香港常看到燒鴨或燒鵝，卻是烤出來的，這單純是南北在用
詞不同的差異，與技法無關。

南、北方皆風靡的美味小食

　　栗子是北方的產物，韓國、日本都有，台灣的糖炒栗子都是進口的，唐魯孫與梁實秋兩位老北京都談到栗子，他們小時候都喜歡吃栗子。我想很少有人不喜歡吃，最有名的就是河北良鄉的栗子，立秋後，大街上的乾果鋪門口就架起了大鐵鍋，一個小利巴（小工人）翻炒栗子，空氣瀰漫著特有的甜味香氣，大老遠就可以聞到。天寒地凍易餓，沒吃正餐前，來包炒栗子，既可暖手又可暖肚子，在台灣只吃過糖炒，甜的，老北平卻有煮鹹水栗子，加點鹽、八角，鹹鹹甜甜的，就像吃台灣的月餅綠豆凸，甜中帶著鹹，到了南方的桂花特多，秋桂炒栗子，就成了杭州應時小吃了。

　　兩位大師特別提到栗子做的甜點，叫「奶油栗子麵兒」，非常喜食，那是大概在 100 年前了，如今台灣的甜點，尤其慕斯類，用栗子做個栗子慕斯蛋糕，我想他們會更愛。

慈禧也和栗子有段故事

　　慈禧太后喜歡吃窩窩頭，這在北方是非常賤價的粗糧，就是用玉米麵蒸熟的饅頭，1890 年八國聯軍進了北京，慈禧逃難般的離開北京，難民也跟慈禧往西北走，慈禧肚子餓極了，難民吃的窩窩頭，給了慈禧幾個，大概是沒吃過，一吃之下覺得非常好吃，真的應了一句老話，食無定味，適口者珍，這時慈禧覺得窩窩頭是最好吃的東西。

　　後來，簽了喪權辱國的條約後，慈禧也回到北京，只是念念不忘當時所吃的窩窩頭，御膳房的人怎敢拿這麼粗的東西給慈禧吃呢？才流傳下來改良版的窩窩頭，就叫栗子窩窩頭，而栗子窩窩頭是沒有栗子的，是玉米麵加黃豆麵，再加糖而成的，一加栗子，麵就會黑了，只是顏色像栗子。

　　今年元月我去了趟北方，朋友帶著我往郊區走走，順便吃在那裡很風行的烤魚。烤的是活鱒魚，自己去挑魚，現殺現烤，風味極佳。除了烤魚，便就多叫個栗子燒雞。雞燒的入味，燒雞到七分熟，再放入熟栗子，再燒三分，栗子與雞就成菜了。所使用的是當地栗子，入口綿密，鬆軟甜適口，與紅燒汁的鹹，再搭現烙的蔥油餅……哈！好一頓北方佬的午餐！

大廚 教你做

栗子綿密鬆軟香甜，與鹹香的紅燒雞肉，看似衝突，但其實組合起來成菜，非常好吃。

● 食材

栗子20g、土雞150g、蔥15g、薑5g、蒜頭5g、香菇3g、八角3g、紅辣椒3g

● 佐料

糖10g、胡椒粉0.2g、太白粉5g、米酒10g、香油5g、醬油30g、番茄醬20g

● 做法

1. 栗子煮熟後去掉硬殼備用（可水煮或蒸煮，栗子呈現手壓鬆軟狀態即可）；香菇泡軟後去蒂頭，土雞切塊後，全部食材入熱油鍋炸至金黃色。

2. 蔥、薑、蒜頭切片入鍋小火煸炒，再放入胡椒粉、米酒、香油、醬油、糖、番茄醬、及八角一起煮滾，將炸過食材一起入鍋燜煮至熟透並縮汁，挑除八角。

3. 太白粉加水拌勻，起鍋前加入並炒至縮汁，起鍋後撒上蔥花及紅辣椒做裝飾。（太白粉勾芡可視喜好而定，亦可不加）

Tips 若使用乾栗子，則需先泡軟後，再入油鍋炸至金黃色。

燒南北

做菜的脈絡南北大不同，各有精彩之處，然而這道菜可謂南北食材的交會，若能依照時令取材烹調，呈現出食材最好的一面，更是棒！

清初，戲曲家李漁的《閒情偶寄》這麼形容過蕈：「求至鮮至美之物於筍之外，其惟蕈乎？蕈之為物也，無根無蒂，忽然而生，蓋山川草木之氣，結而成形者也，然有形而無體。凡物有體者必有渣滓，既無渣滓，是無體也。無體之物，猶未離乎氣也。食此物者，猶吸山川草木之氣，未有無益於人者也。」

大意就是要舉例鮮美的東西，大概筍之外，就得首推蕈，蕈之為物，無根無蒂，不知其所自來它就忽焉冒出，要說的話，只能說它是山川草本之氣所凝結而成的，這種東西素食固然不錯，拌以少許葷食亦佳，因為蕈的清香有限，而汁的鮮味卻是無窮啊！這是李漁談到香菇時所寫的，蕈以現代而言，泛指各種菌菇。

香菇的香，大有學問

香菇，新鮮的比乾燥的便宜多了，因為新鮮的菇，含水量可達90%，它的香氣，因含水量太高，是很淡的，而在乾燥脫水的過程中，會自動轉化出大量的鳥苷酸鹽，其鮮度是味精的幾十倍，同時，菇的香精會大量揮發，因此，乾燥後這種菌菇，才能稱為香菇。

香菇的種類太多了，有的時候餐廳的菜單會出現「燒雙冬」，雙冬指的是冬菇、冬筍，大家都知道冬筍，而冬菇的名稱是因為以前天然的菇，是在春、冬之際摘取的，才叫冬菇，現代的菇，大概都是以太空包生產，一年四季皆有，就不宜用冬菇名稱了。

南方人常用的是香菇，北方人用的則是蘑菇，形狀不太一樣，都是從大地之間冒出來的，現代人則無前人的口福，無論是香菇，還是蘑菇，幾乎都是人工培育的，要是野生天然摘取，那是稀少，而且是天價，看

看歐洲的白松露、黑松露，至今少有人工培育，
同樣的菌菇，物以稀為貴，就是不同價值。
在北邊，東北的蘑菇，張家口的口蘑，
五台山的天花蕈，都是北方常用的品種，口蘑
以張家口為名，秋冬之際大地的恩物，有著秋雨，
大西北的草原才能生出這樣香氣濃郁的精靈，山西五台
山的五台山香蕈，也叫「台蘑」，生於五台山區的韋羌山一帶，
收於極冷的雪天，另一品種為「天花蕈」，即天花菜，形如松花，
大如斗，這兩種皆為自古有名之菌菇，前兩年到山西太原一遊，可惜五
台山太遠，沒能去成。回台灣時，在太原機場，看到販賣當地特產的伴
手禮品店，琳瑯滿目的都是醋，醋已經在市區買了，閒逛著，旁邊的貨
架上，擺著一小罐，像愛之味菜心那麼小罐，標價 50 元人民幣，寫著五
台山蘑菇醬，沒去成五台山，但聽了那麼多五台山蘑菇
的傳說，沒魚蝦也好，買罐蘑菇醬嘗嘗是什
麼味道？回台灣忘了（太小罐），隔了
個把月看到，打開一聞，那味道
就如同黑松露般的味道，只是
中國人的做法，再細想一
下，同一個地球，同一
個緯度，環境一樣，不
也會生長出同樣的植
物嗎？

南北食材搭配出
的火花

傳統的北方菜，
燒南北，用的是北方
的蘑菇，燒南方的冬
筍，雖然是個素菜，但
極名貴，因食材地方的季
節特殊性，在台灣的北方館，

燒南北則是南方的香菇燒洋菇，
台灣找不到口蘑，就是有必然
是大陸來的，貴得驚人（吃不
下去）。

　　洋菇在台灣也是舶來品，
是人工栽培的蘑菇，雖然中國有
原生種蘑菇，但台灣卻是在 1945
年後引進人工培育，蘑菇原產為溫
帶地區，早期只有冬天才有，1970 年
之後才培育出高溫洋菇，至此，台灣一年
四季都可吃到洋菇。

　　做法是生鮮香菇、乾香菇發好皆
可，但用生香菇則需與洋菇汆燙過，
瀝乾水，蔥、薑爆香，其他的調味
差不多，顏色略深，來自醬油與番
茄醬，起鍋前一點香油，勾薄芡，
成菜，稍微擺一下，會更好看。康
熙皇帝喜愛五台山的天花蕈，貢品
一進宮，首先孝敬的是皇太后，其
天花詩云：「靈山過雨萬松青，朵朵
湘雲摘翠屏，玉笈重緘策飛騎，先調六
膳進慈寧。」由此可見天花蕈的珍貴。

大廚 教你做

蕈菇類的香氣，帶給人嗅覺與味覺的雙重享受，時節到了，自己燒來嘗嘗。

● **食材**

生香菇60g、洋菇60g、蔥10g、薑5g、青江菜2株、青花菜50g

● **佐料**

胡椒粉0.2g、胡椒鹽0.2g、米酒10g、香油5g、醬油20g、糖10g、番茄醬20g、太白粉5g

● **做法**

1. 生香菇、洋菇先汆燙過備用。蔥、薑切細碎入鍋爆香，加入胡椒粉、米酒、香油、醬油、糖、番茄醬及兩種菇，以大火燒煮。
2. 煮滾後，改以小火煮2分鐘。取太白粉加水，倒入鍋中勾芡即可起鍋。
3. 青江菜分切梗與葉瓣，梗修切成長三角形，汆燙過後拌炒約0.1g胡椒鹽，做盤飾。
4. 雙菇組合時，汆燙青花菜拌炒胡椒鹽，做分切食材。

糖醋魚

大家熟悉的糖醋類，其實有著淵遠流長的故事與演變，不説你不知道，原本糖醋醬汁，並不是紅色的呢！

糖醋魚，先談魚，唐朝以前，人們以鯉魚為最上品，沿海還是蠻荒之地，更不用提吃海鮮了，30～40年前台灣川菜館的豆瓣鯉魚，短短的，肚子大大的，吃的是卵，沒卵，肉硬，刺多，土味重，慢慢的淘汰了，大陸的黃河鯉魚是野生的，細長型，土味少，以前的唐魯孫、梁實秋談的都是這樣的鯉魚。

饕客古人，對糖醋的熱愛不輸現代人

先説説梁實秋的記憶。河南厚德福的糖醋瓦塊魚，用的是以鯉魚為主，取兩邊腹肉，切成瓦塊狀，不裹粉，乾炸焦黃，糖醋汁用的是藕粉，顯著透明，用冰糖，既沒有醬油，也沒有番茄醬，魚快吃完時，店家會來問，指著盤中的糖醋汁説：「給您焙點麵吧！」接著盤子端走，不一會兒一盤焦焦炒麵似的端上來，微酸，甜，酥也脆，那是切絲，濾水後炸的馬鈴薯絲，這是梁大師的説法。

再談談唐魯孫的記錄。他説的也是河南厚德福的糖醋瓦塊，他老人家提的是，黃河鯉魚要去土腥味，需用清水養幾天才能殺，再來就是黃河鯉魚的肉厚筋粗（因水流較大），要有好的刀工才能做好瓦塊魚，吃的時吩咐一下堂倌，要寬汁，店裡就會附上一盤先煮後煎的細麵（也叫兩面黃），拿糖醋汁拌麵吃，這就是糖醋瓦塊魚焙麵。唐魯孫先生特別提到他們家是有科第的世家，是不吃鯉魚的，因為相信鯉躍龍門，鯉通過龍門化為神龍，鯉魚是用來放生的。

河南的餐館，堂倌都很客氣，黃河鯉魚是現點現殺的做法，只是河南人的口語有時候客氣地讓人受不了。舉個例子，吃黃河鯉魚，魚大，所以一魚三吃的居多，開封人以前尊客人稱為「您老」所以「乾炸，您老」、「清蒸，您老」、「紅燒，您老」，等您老同意後，接著當您老

的面將手中提的魚，朝地上狠狠的一摔，然後裂著嘴，笑著對您説；「摔死了，您老」，吃個魚，又炸你，又燒你，又蒸你，最後再將您摔死，當然這是古風俗，現在想見也見不到了。

糖醋魚的主角，黃魚，細說從頭

　　台灣現在做糖醋魚，用的是黃魚居多，現在全是養殖的黃魚，如果是野生的黃魚，賣的是天價，黃魚有大黃魚與小黃魚，皆為石首魚科，因其腦門有兩顆石頭，我們大部分是吃大黃魚，小黃魚就是那麼大 ，不會再長大，5～6年前到寧波的浙江商業大學交流，學校請吃飯，在餐廳的海鮮檔上，看到野生小黃魚，寬3～4公

分，長約15～18公分，再看了標

價，一斤500克，人民幣

800元一斤大概四

尾，平均一尾

小黃魚台幣 800 元，聽說現在更貴了，野生大黃魚，可遇不可求，沒有訂價的標準，回想起，1975 年在馬祖當兵的日子，拿軍用豬肉罐頭換現流的野生黃魚，如今野生黃魚絕跡了。

糖醋魚，就甜酸的味道，傳統的做法，糖醋汁是以白醋、糖、鹽調出的味道，40 ～ 50 年前是沒有紅色的（但有深色的糖醋汁，用於喪事，以深色的醋調色），直到 1985 年左右，蘇州松鶴樓的廚師，以番茄醬調成的糖醋汁，呈現鮮紅色，深受一般大眾的喜好，如今，演變成只會做紅汁，而沒人做白汁了；魚的處理，要有好刀工，兩側各切成 6 等分，在家不好做糖醋魚，魚醃入味，裹麵糊（麵粉加沙拉油、水一起打成）入熱油鍋炸，油需醃過魚，定型才能將魚炸透，在家裡用這麼多的油，炸完油也廢了。炸的時候要從尾部抓起，魚肉朝上，魚皮朝下，魚炸好，糖醋汁調好，澆上去就好了，下回可在家試試，不要加番茄醬，換成高粱醋、烏醋，別有風味。

炸得酥脆的魚身，加上糖醋醬汁，甜酸甜酸很是開胃。雖然做起來需要點功夫，但值得一試。

● 食材

黃魚1尾、蒜頭10g、香菜5g、麵條10g、蔥3g、高湯（分量與黃魚齊平）

● 佐料

胡椒粉0.2g、胡椒鹽0.2g、米酒30g、香油10g、鹽1g、糖60g、白醋60g、番茄醬80g、太白粉100g、高湯120g、低筋麵粉100g

● 做法

1. 黃魚去鱗及內臟，將魚的兩面各分成6等分，入刀切成長方形且不能斷，從尾部抓起，12塊魚肉朝上，魚皮朝下，撒胡椒鹽。

2. 麵粉加入沙拉油及水打成麵糊（10：1：2），沾裹魚身入約1000g熱油鍋炸。油溫約180 ～ 200度，炸約3分鐘，再翻面炸3分鐘，即可起鍋。

3. 另起油鍋，蒜頭切細碎入鍋爆香，加入高湯煮滾後撈除蒜頭，再加胡椒粉、米酒、香油、鹽、糖、白醋、番茄醬，以及太白粉勾芡，調成糖醋汁。

4. 將糖醋汁淋上炸好的魚，取香菜挑葉瓣做裝飾。

5. 另可搭配麵條食用，麵條煮熟放碗底，糖醋汁淋上，蔥花及香菜做裝飾即完成。

烤鴨三吃 ——
片鴨、溜黃菜、鴨鬆

烤鴨不等人，需人等鴨，烤好了便上桌，現片、現吃，或可以炒鴨鬆搭配，再以鴨骨頭炒蔥、蒜、辣椒，便是經典的下酒菜。

　　說起烤鴨，沒有比北京「全聚德」的名氣更大，外國人認識的都說北京烤鴨，在中國吃鴨子，應該是南京最行，無論是板鴨、鹹水鴨，至於北京烤鴨，亦是源自於南京，因江南地區水鄉多，適合養鴨，北方多的是牛、羊。明朝永樂皇帝朱棣，搶了自己姪子的皇位，將國都從南京遷到北京，也間接形成了南方的鴨子到北方成了烤鴨，據老北京的說法，便宜坊烤鴨比全聚德早的多，源起於南京遷都到北京，南京的鴨子，到了北京肥又大，回不去了，這些鴨子都賣到菜市口的米市胡同的小作坊，收購鴨子後，拾掇乾淨，賣給一些飯館或大戶人家，有時遇上陰雨天，鴨子賣不出去，咋辦呢？就把鴨子烤了，賣熟食烤鴨，這些鴨子坊，因為買的便宜，賣的也便宜，於是便宜坊烤鴨就有名號了。

　　再說回這間全聚德，創於清同治年，老闆楊四爺，先是養鴨，學得填鴨宰鴨的好手藝，先賣鴨子，叫「鴨局子」，生意做大後，要取個店名，無意中看到一塊匾，寫著「全聚德」，字寫得好，就買回來掛上，從右

至左的中國字，結果經常被人從左至右的唸成全聚德，便將錯就錯，成就了一百多年的全聚德。

其實北京烤鴨即是填鴨，源自南北朝，填嗉的方法，在鴨養到 50 天大時，需以飼料填入鴨嘴裡，連填 15 天左右，只吃不動，則油脂多，所以以前在北京吃烤鴨，都太肥了，近 20 年的鴨則瘦多了。至於兩家做法：便宜坊的是燜爐烤鴨，定溫、封爐，時間到了才開爐，講究的是火候；全聚德是掛爐，不封爐、明火烤，烤鴨的師傅，需隨時注意鴨子的火候，以前烤鴨無論是燜爐或是掛爐，講究的是柴火，取用的是果木，如棗木，梨木等，皆有果樹的香氣，如今已改為電、瓦斯，少了果香，但在控溫上卻更好了。

以前在台灣的風景區吃海鮮，店門口水族箱挑的活海鮮，到了後面變成死的或冷凍的賣給你，偷天換日；但在北京吃烤鴨是自己挑，挑好後用毛筆蘸糖稀，簽個名或做個記號，烤好後「堂片」，就當你的面片鴨，一是確認你挑的鴨子，二是當面片鴨，不會讓客人說：「這麼大的鴨子，烤完後就這麼點啊！」

片鴨的說法

烤是技術，片是手藝，老北京說：「今天宴客是文人多，文人吃是片 72 片，代表孔子 72 賢人；今天都是軍人（將軍、武人），則片 108 片，代表梁山 108 條好漢，祝壽則是 99 片，代表長命百歲，千萬不能片 100 片，那就叫『滿』了！而清朝時滿族人請客則片 81 片，八旗統一之意。」這些當成故事聽聽就好了，但片鴨的手勢，下刀取肉皆有其遵循的手法，片是皮多肉少，皮肉分離，多片些肉，或只取精肉，都可依客人的所需而定。

怎麼吃烤鴨？

烤鴨不等人，需人等鴨，烤好了便上桌，現片、現吃，一般去吃烤鴨，鴨子是主角，搭配些涼菜或蔬食就好，因為可以請師傅片鴨時，多片皮、少片肉，肉多留些，可以炒鴨鬆，或是以鴨骨頭炒蔥、蒜、辣椒，是經典的下酒菜。另外烤鴨的油多，古早時代，會「溜個黃菜」，就是鴨油炒蛋黃，加些火腿末就是一道菜。而現代人，又是鴨油，又是蛋黃，可能不敢領教，倒是梁實秋說的：「用鴨油來蒸個蛋不錯，一般用鴨架子燉湯，店裡把鴨架子拿進去，不一會就出湯了，那是矇的，倒是架個小火鍋，加些豆腐，大白菜，慢慢燉，那個湯味道才會出來。」

吃烤鴨一定同時上的是甜麵醬、蔥白和鴨餅（荷葉餅），添上些小黃瓜也不錯，在大陸上的「空心餅」極佳，酥烤小圓餅，取去麵心，成了空殼子，夾肉、蔥與醬剛剛好，但現在的烤鴨，有的就太天馬行空了，有好多種顏色的餅（天然調色），有的店還上 7 ～ 8 種醬料，出的很漂亮，像七彩調色盤，然而這些醬全混在一起蘸，結果不知道吃的是什麼，這也是台灣餐飲走火入魔的現象。

大廚 教你做

色澤紅潤、肥而不膩的烤鴨是許多人喜愛的
一道佳餚，除了捲餅吃外，簡單用雞蛋溜個
黃菜、炒個鴨鬆，又提升了烤鴨的滋味。

片鴨

● 食材
烤鴨1隻、蔥50g、家常餅數張

● 佐料
鹽1.5g、糖15g、胡椒粉0.2g、太白粉
10g、米酒10g、香油5g、醬油5g、麵醬
30g

● 做法
1. 片鴨重點為皮多肉少，也可依照喜好多
   片些肉。
2. 製作甜麵醬，將麵醬、胡椒粉、米酒、
   香油、醬油、糖、水（約30g）一起熬
   煮成稠狀即可。搭配餅，夾蔥，沾些許
   甜麵醬食用。

TIPS
1. 麵醬即是沒有加工處理過，味道鹹中帶微酸且顏色較深黑。經過加工（添加胡椒粉、糖等佐料熬煮）的麵醬則稱為「甜麵醬」。
2. 建議甜麵醬煮好後可分裝，在品質、口感、顏色上控制較穩定。

溜黃菜

● 食材

火腿10g、鴨（雞）蛋3粒

● 佐料

胡椒鹽0.2g

● 做法

1. 鴨（雞）蛋黃打散，加胡椒鹽拌勻後
   入油鍋，油量要多，約30g的沙拉油，
   將蛋液倒入鍋中快炒至熟成起鍋。
2. 將火腿肉切細碎，撒於蛋的表面即完
   成溜黃菜。

鴨鬆

● 食材

烤鴨肉20g、開陽（蝦米）5g、芹菜5g、香菇
3g、馬蹄10g、紅蘿蔔10g、蔥10g、薑5g、蒜
頭5g、冬粉20g、美生菜100g、荷葉餅數張

● 佐料

鹽1.5g、胡椒粉0.2g、米酒10g、香油5g、

● 做法

1. 冬粉入熱油鍋（油量約300g）炸酥後，
   撈起並壓碎放於盤底。
2. 將烤鴨肉切成小丁狀，芹菜、香菇、馬
   蹄、紅蘿蔔等蔬菜切成丁。
3. 蔥、薑、蒜頭、開陽切碎入鍋爆香，蔬
   菜丁入鍋，並加入鹽、胡椒粉、米酒、
   香油調味，拌炒均勻起鍋，鋪上冬粉即
   完成，可搭配荷葉餅或美生菜包著吃。

CHAPTER 4

湯 品

在西餐，一餐的完美結尾，是甜點；而中國
人卻是一碗好喝、適度、速配的湯來結尾。

不可飯無湯

有句話是這樣說的:「你吃肉我喝湯。」一般的解釋是,你賺大錢,我沾些小甜頭。

《周禮•天官•亨人》:「祭祀共大羹,鉶羹,賓客亦如之。」翻成白話文,就是 3,000 年前周朝祭祀用的是不加調味的肉汁湯。在這個脫離原始不久的年代,除了最天然的火烤,就是煮了,而煮是不能沒有湯汁的。而敬神的湯是「大羹不調」,意思是不調五味的,無味的湯,冷了難喝,所以記載的,都是可加熱「在爨」與溫鼎(在大陸川菜裡還保存古風這種不調味的湯)。

想一想,我們的老祖宗,面對著一個大鼎,底下燒著柴火,鼎裡只是放些大塊的肉煮著,拿著長長的樹枝,攪拌著以免糊了。他們不懂蒸、沒有炒、只有喝湯了。

古人的吃飯準則,有飯就要有湯
李漁,明末清初的戲曲家,好吃、有品味,雖然一生坎坷,但是他對湯的詮釋最貼切。「湯即羹之別名……然不知羹之為物,與飯相俱者也。有飯即應有羹,無羹則飯不能下,所以烹熬羹湯,為的是省儉之事,而非奢靡花費。」

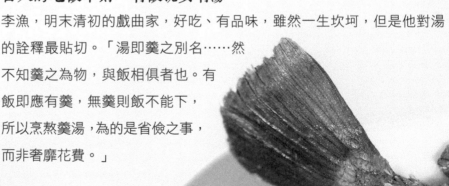

古人喝酒，便要有下酒菜，
同樣的，吃飯也應該有下飯的
食物，而飯就好像船一樣，羹猶
水也，非水則船不能下，所以他主張：
「寧可食無饌，不可飯無湯」。
北方人不太愛喝湯，常常喝粥、配饃饃，湯就免了。

在西餐最後的完美 Ending，是甜點，而中國人卻是一碗好喝、適度、
速配的湯來結尾，北方人在家吃頓餃子，是不會另外做湯的，因為
原湯化原食，下餃子湯，特別是自己擀皮的餃子湯，有著一股濃濃
的麵香，沒有比這更好喝的湯了！

這篇幅，只介紹三種湯，汆丸子湯、醋椒魚湯，及不像湯的大鍋
菜——殺豬菜。

【周代青銅爐型鼎】

在爨與溫鼎：
可放柴火加熱保溫的鼎

汆丸子湯

「寧可食無饌，不可飯無湯。」這就是中國人對湯的態度。湯真的是一餐之中的要角呢！

　　汆字，把食物投入沸水中稍稍一煮，就連湯盛起來，這是字典上汆字解釋，不要再寫成川字，川字與這道菜無論是烹調手法或食材都沒有關係。北方菜汆丸子湯是很普遍，簡單好做也好喝的湯，這道湯，一定有現做的豬肉丸子，黃瓜片與粉絲，前面談的椒鹽丸子，一樣的做法，改炸為汆而已。汆丸子就少些肥肉，純瘦肉亦可，也是一口一個大小最佳。

中國人對湯的情感與講究

　　中國人講究湯，連酒席菜最後的壓軸，也要來盅好湯，除了廣東人是先喝湯，與西方呈現的方式一樣。喝湯有何好處呢？開胃解膩促消化，酒喝多了，來點酸辣湯，也醒酒，民俗說法：「肉管三，湯管七」、「飯後喝碗湯，

老來不受傷」開刀的人，喝點魚湯，氣虛的，喝碗人參雞湯，這說的都是喝湯的好處。

在沒有味精、雞粉、香菇精的年代裡，如何做好菜呢？一般餐廳必然會備有以雞、鴨、豬骨等吊出的高湯，更上層樓，以金華火腿、老母雞、干貝等吊的上湯，這些就是鮮味的來源，魯菜就是以湯為百鮮之源，有清湯與奶湯，清湯就是清清如水，但鮮濃的口味不變，如同西餐的清雞湯，而奶湯則是不清俏，大火熬製的濃湯，魯菜的湯也影響粵菜的湯，袁枚在《隨園食單》的戒耳餐裡說到，雞豬魚鴨，就像豪傑之士，各有自己的味道，自成一家，而海參、燕窩、魚翅則像粗陋的人，沒有性情，寄人籬下。

這說的是就算你有了上好的大排翅，一斤上萬人民幣的遼東灣頂級刺參，可是你沒有上好的湯，那魚翅，海參是無味，它們所依靠的就是這好的上湯，才能顯現出食材的珍貴好吃，話說回來，有了這樣的頂級上湯，放什麼不會好吃呢？

早年聽老師傅談宴席菜的次序與烹調的技法，正常的程序，袁枚的上菜須知：鹹的先上，淡的後；濃的先，薄的後；乾的先，有湯汁的後。先上鹹的是因為還未吃飯前，體內缺鹽，所以鹹的先上，待到酒席的尾聲，體內鹽已攝取足了，口感就需清淡了，這也是延續至今，最後上的雞湯，較為清淡，而在川菜中尚保有的傳統湯是不放鹽的，吃的是本味，台灣的川菜是未曾見過不放鹽的湯，莫非忘了這道菜？

丸子，要有個好高湯，雞湯也可以，豬肉丸子，現做，現下鍋，鮮肉下鍋會有些沫子，撈乾淨，湯滾，黃瓜片放下入，粉絲先泡好，下鍋，撒些白胡椒粉，點幾滴香油，就是碗清爽宜人的湯了。記得是香油，不要和麻油混淆了，麻油是純芝麻油，濃厚，香氣重，香油則是加了沙拉油稀釋的胡麻油。

北方人的打賞趣聞

　　北方館在清末民國初年有個習俗，這樣的習俗，從 1949 年帶到台灣的北方館，直到 1980 年左右後才消失，之後就再也沒看過。北方館有給小費的習慣，這在中國歷史上，比歐美的小費習慣，早多了，一般給小費，北方說的是打賞或外賞。

　　有一位北方的有錢員外，是位小氣財神，到館子裡從來不給小費，餐費都是斤斤計較，那一天不知有根筋錯亂了，竟然給小費，掌櫃收了一看，哭笑不得，一般掌櫃收到小費時，一定高聲喊「外賞～」其他在館子內聽到的堂倌，都會齊聲應一聲「謝～」長音，客人此時是很有面子的，這位掌櫃一看，賞了 10 元台幣（以現今物價而言），所以掌櫃喊道：「外賞～」（一般不會說出金額的），堂倌還未回應，掌櫃的接著喊：「新台幣 10 元～」哪知這寒酸的員外一聽，非常生氣，又伸手把 10 元拿回去了，那掌櫃的更缺德，接著喊了更大聲「又～收回去了！」我想這員外不會再來光顧了。

大廚 教你做

烹飪方式相當簡單的氽丸子湯，手打的
丸子僅加蔥、薑、胡椒粉與蛋白，沒有
多餘添加物，能吃出肉的本味，搭配清
爽的黃瓜，相當爽口。

● **食材**

豬絞肉100g、雞蛋1粒、蔥3g、薑1g、小黃瓜
30g、冬粉1/2把、開陽（蝦米）5g

● **佐料**

鹽1.5g、胡椒粉0.2g、烹大師1g、香油2g

● **醃料**

鹽0.5g、胡椒粉0.1g、蛋白10g、香油1g

● **做法**

1. 豬絞肉加蔥、薑剁成細碎綿密狀，加醃料
   鹽、胡椒粉及蛋白、香油摔打均勻後，擠
   成丸子，入熱水鍋煮熟。

2. 開陽、冬粉泡軟，小黃瓜切片備用。

3. 依序放入鍋中煮，加鹽、胡椒粉、烹大師
   後，起鍋前淋上香油。

醋椒魚

醋椒魚湯顧名思義就是有醋、有白胡椒以及魚，是來自山東地區的傳統名菜之一，然而這道湯品可不能久煮，久煮酸味就跑了。

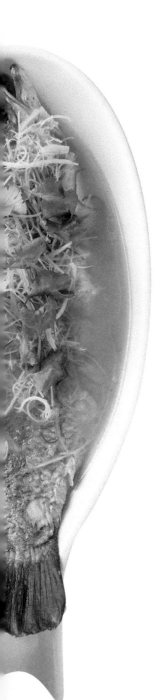

　　醋加白胡椒加魚，就是山東菜醋椒魚湯，這湯的味道就是不勾芡的酸辣魚湯，有趣的是山東菜一般都勾芡，而這道菜卻是清的，在酒足飯飽時來一碗酸酸辣辣（白胡椒味）的魚湯，醒酒也消食，不解的是這麼一道家常魚湯，館子裡吃不到了。這道湯有好醋，山西的高粱醋佳，鎮江的米醋就不合適，酸度不夠，白胡椒純的不摻粉才夠味，魚要用哪種魚皆可，黃魚、鱸魚等，新鮮就好，今天我們用的是鱸魚，鱸魚的種類很多，市面上也都有，便宜又好吃，特別是產後、手術後是最佳的補品。

　　來說說醒酒的做法，挑選一條新鮮鱸魚，瘦長型較佳，清洗乾淨，腮邊的鱗一定打乾淨，兩側斜切 2～3 刀入骨，醃胡椒、酒、鹽，30 分鐘靜置入味，魚身擦乾，兩面煎略焦黃起鍋備用，接著清高湯加鹽，略鹹些，煮開，醋椒調味，黑白醋、白胡椒，想酸，醋多放些，要辣，下胡椒粉不手軟，湯滾，下醋椒味，放魚、薑絲、蔥絲，少許紅椒，起鍋放香菜就好了，湯不能久煮，久煮酸味就跑了。

已成絕跡的四腮鱸魚

　　「天下鱸魚皆兩腮，惟松江鱸魚四腮」，談談已經絕跡的四腮鱸魚，此處所指的松江是說上海地區的蘇州河，叫吳淞江所產的四腮鱸魚。《晉書·張翰傳》：西晉張翰曰：「因具秋風起，乃思吳中菰菜，蒓羹，鱸魚膾」，因為秋天，想起了家鄉的菰菜（茭白筍），蒓菜、太湖中的蔬菜以及吳淞的四腮鱸魚，張翰是吳中地區（今蘇州一帶）的人，因為想念家中的食物而辭官，後來才有了「蒓鱸之思」的成語，特別的是這四腮鱸魚，太湖的蒓菜在宜蘭都已經可栽種了，但四腮鱸魚在上海已經是不見蹤跡，半個世紀了，書上的形容，非常像現在蘇州可以吃到的塘鱧魚，大約 12 公分長，扁圓形，有點像小號的鯰魚，但只有兩腮，而跟我們所看到的鱸魚是完全不一樣的。

拚死的河豚

　　文學家林語堂形容蘇東坡是千年來的天才，寫了本《東坡傳》更厲害的是用英文寫的，第一個自稱饕客的也是蘇東坡，他特別愛吃，會吃也會做，才會有東坡肉、東坡魚、東坡香腸、東坡肘子⋯⋯，後人的穿鑿附會，所以蘇東坡的故事特別多。

　　《中國食經》食事篇（宋孫奕示兒編）是這樣記的：「東坡先生謫居常州時，極好吃河豚」，河豚產於常州鎮江那一帶的長江水域，一天，他的朋友得來一條河豚，知東坡喜食河豚，故邀他來吃，吃河豚在古代是有極大的風險，殺魚要有非常的技法，從烹煮、製醬皆需小心慎重，不小心吃會吃死人的。而東坡先生來吃河豚時，這位朋友與家人則藏在屏風後頭，想聽聽看他有何評語，我想，一方面是萬一蘇東坡倒在地上，趕快衝上前去急救（這是我杜撰的）。大家在屏風後頭，只聽到蘇東坡埋頭大嚼的聲音，一句讚美的話都沒有，也沒有說任何評語，眾人覺得非常失望，正在此時，只聽到東坡先生大聲的說「也值得一死！」，拚死吃河豚就是這樣來的。

大廚 教你做

醋椒魚湯顏色清淡素雅，魚肉鮮嫩，湯味濃郁，略帶微酸與辣，喜歡酸的可以多加醋、喜歡辣的可多放白胡椒，配麵配飯都很搭。

• **食料**

鱸魚1尾、蔥10g、薑3g、紅辣椒1g、香菜2g、高湯500g

• **佐料**

鹽1g、胡椒粉1g、烹大師1g、香油2g、白醋20g、黑醋10g

• **做法**

1. 鱸魚去鱗及內臟，將魚的兩面各分切入骨兩刀，擦乾魚身的水分後入鍋煎熟，煎至兩面呈現金黃色。

2. 鍋內放入高湯及鱸魚一起煮熟，加入0.5g胡椒粉、香油、鹽、烹大師。

3. 取一碗內加黑、白醋及胡椒粉（類似酸辣湯），調勻後再將加入魚湯中。

4. 蔥、薑、紅辣椒切絲，最後取些許香菜葉一起放入魚湯即可。

TIPS　黑醋也可以用烏醋取代，只是湯色會較深。

殺豬菜

酸白菜是東北人常年不可或缺的，今天我們說的是地道的東北名菜「殺豬菜」，殺豬菜顧名思義是殺豬後產生的菜餚，以前難得殺豬，過年婚慶等大好日子才有。

這幾年台灣很風行吃火鍋，一年四季都吃，夏天 38 度也吃，這是 30 年前沒有的現象，早年火鍋上市大概都是中秋節過後，火鍋的種類也不多，但有獨特的風味，像羊肉爐，秋冬吃不燥氣，秋冬的大白菜、蘿蔔也好吃，酸白菜要到冬天才能漬，才有酸菜白肉鍋可吃，涮羊肉更是依季節才會上市，如今大熱天，開著超強的冷氣吃火鍋，環保嗎？更不用講「不時不食」的觀念了。

這十來年，台灣也吃酸菜白肉鍋，主角是酸白菜（不是酸菜），加白肉（豬肉）。民國 50～60 年代，東北的同學，家裡還有人會做血腸，現在也看不到了，以前的組合是酸菜白肉血腸鍋，紅的、白的很好看，白的就是豬五花肉，紅的就是血腸，而血腸需新鮮的豬血調味後，灌入腸衣再煮熟，切厚片放入火鍋與白肉同煮，血腸不易做，也不好保存，逐漸沒人願意做了；蘸的醬裡有韭菜花醬，是最特殊的。

飲食要合乎時節，秋冬大吃酸白菜

到東北才知道台灣的酸菜白肉鍋，根本不是那回事……大東北地區，特別是到了哈爾濱，一年有 9 個月是冷的，吃火鍋是極自然，符合時節的，以前沒有溫室，運輸不便，到秋冬，是沒有蔬菜可食，於是「漬白菜」就是家家戶戶重要的事。

秋天一收大白菜，就要漬白菜，而漬白菜是有時間性，並不能持續發酵，2～3 週漬好就需冷藏盡快吃完，因為漬白菜的菌，依時間的長短，會從好菌成了壞菌，台灣的氣溫並不合適漬白菜，但這十來年控溫的技術進步，才能常年吃到酸白菜，只是市面上還是許多不肖業者，加醋及防腐劑，吃了是非常傷身體的，漬好的酸白菜應該是脆的、微酸，非常清爽，而不是死酸、爛爛的，又鹹。

充滿感恩之意的節慶大菜

酸白菜是東北人常年不可或缺的，今天我們說的是地道的東北名菜「殺豬菜」，殺豬菜顧名思義是殺豬後產生的菜餚，以前難得殺豬，過年婚慶等大好日子才殺豬。在殺豬時左鄰右舍的好朋友都會來幫忙，殺完豬後，為了感謝這些親朋好友，就將豬的精華之物與酸白菜一鍋燉，連鍋一起上桌，來招待大家，這也是哈爾濱在這

幾年很紅火的「農家菜鐵鍋燉魚」的由來，漁民在結冰封江的松花江上，鑿冰、抓魚，支起個鐵鍋，以新鮮剛抓的魚，添幾勺冰水，加些帶來的土豆、豆角、茄子等蔬菜，放入鍋內一燉就成了。

　　而殺豬菜也一樣，魚換成了上好的排骨、五花肉、大腸、口條、心、肝等內臟，加上骨頭湯與酸白菜，連鍋一起上桌，再來半斤二鍋頭，那就是東北人的傳統家常菜了。這一鍋燉的殺豬菜，食材是分別處理的，燉久的先放，一燙可食的後放，然而吃的是本味（只加點鹽）搭配的就需蘸醬，東北地區傳統的蘸醬，除了韭菜花醬，以及搭配的腐乳、芝麻醬等，但少不了的是蔥花、香菜與辣油，及自製的大醬，在台灣蘸醬的花樣就多了，下回在家可自己試試看，做一道連鍋都上的殺豬菜，除夕全家團圓吃，不是很好嗎？

大廚 教你做

殺豬菜可以吃到酸白菜自然發酵的酸，還有豐富的豬內臟，如豬肝、豬血、豬心等，高湯加入扁魚、開陽（蝦米）提鮮，呈現食材的原汁原味。

• 食材

酸白菜60g、五花肉100g、豬肝60g、豬血100g、豬肚100g、豬腸100g、豬心60g、口條60g、蒜苗20g、開陽（蝦米）5g、扁魚5g、紅番茄60g、芹菜20g、洋蔥30g、高湯2000g（6人份）

• 佐料

韭菜醬100g、黃豆醬100g、甜麵醬100g、芝麻醬100g、蒜茸醬100g、胡椒鹽0.2g

• 蘸醬

蘸醬1：韭菜醬加蔥、薑、蒜、辣椒、芝麻醬、蠔油、香油、黃豆醬、香菜
蘸醬2：黃豆醬加蔥、薑、蒜、辣椒、香菜
蘸醬3：蒜茸醬加蔥、薑、辣椒、香菜

• 做法

1. 酸白菜切條狀放鍋底備用。
2. 將開陽、扁魚炸酥後切細碎，取紅番茄、芹菜、洋蔥切細碎，加入鍋中。
3. 先煮熟豬肚、豬腸、口條，待冷之後切片。豬肝、豬血、豬心切片後再汆燙過，將所有切片完成的豬內臟依序放入鍋中。
4. 五花肉切片排齊，鋪在所有食材最上方，倒入高湯並加胡椒鹽調味，最後放蒜苗片即完成。

> **Tips** 蘸醬的分量依個人喜好而定，喜愛蒜味，蒜頭分量可多加，以此類推。

CHAPTER 5

麵食・點心

「北方人吃麵食，南方人吃米食」，中式麵食經過時代演變，因為不同區域以及在地做法，形成了千變萬化與各具特色的麵食發展。

白案上的饗宴

從冷菜到炒菜，有炒的、燒的、炸的等熱菜，接著上個湯，最後要吃主食了。

北方吃麵食，即「粉食文化」，飯也吃，但少些。主要是因為有餅、有麵條、包子、饅頭、餃子，就不吃飯了，上菜時也同時上餅，捲著吃，什麼都能捲，豐儉由人，能捲醬牛肉、京醬肉絲，也能捲炒合菜，絕對少不了的是蔥和醬。北方人家裡炒菜的砧板小小的，也簡單，但做麵食案板就要夠大了，擀麵條、做花卷、銀絲卷、包餃子、鍋貼、蒸饅頭，都是在「白案」上完成的，北方佬叫白案，因為案上永遠有白白的麵粉，針對不同的麵食，使用的用具也不同，像餃子皮用的是小擀麵扙，擀麵條，用的就是大號的木棍了。

南方人說煮個飯多簡單，電鍋一蒸就好了，從和麵到餳（ㄒㄧㄥˊ）麵，揉麵、擀開，再切成所需的形狀，包餡的，有包子、餃子，還有上蔥花、椒鹽的蔥油餅、花卷，多麻煩啊，但在北方家裡的老媽媽，卻是數十年如一日的理所當然，這就南北的飲食差異。

到北京，有小吃：炒肝，就像在台
灣吃大腸麵線一樣，難說哪個好
吃；河南到處有糊辣湯，台灣
也沒有；在山東沒有一個地方
不賣煎餅果子，就像台灣小吃
麵糊的蛋餅，現點現做，變化
無窮，這些庶民小吃，在地風
味，一但換了地方經營，是否
口味不變呢？如同台中的大麵
羹，出了台中，就無法生存。

主食介紹的是炸醬麵、打滷麵，餅
的利用：褡褳火燒，小吃就說個炒肝，
最後是北方甜點的代表「拔絲」，吃了甜
點，才是個完美的 Ending。

炒餅、燜餅、燴餅，家常餅之利用

北方人喜歡吃餅，烙餅時都會多烙幾張，吃不完的餅，可好用了，打個蛋，成蛋餅，早餐可吃；蔥油餅切條狀，爆香蔥段或蒜苗，加個蛋，有剩的滷湯或燒肉的湯汁，加入燴軟，就成了燴餅，連紅燒肉一起就更豐盛了，既是主食又是菜，此物只需搭白粥與鹹菜，就是北方人的一餐。家常餅切條狀與蔬菜、肉合炒，如同炒麵一樣，就叫炒餅，基本上這些餅都是先烙出來的。

烙餅的訣竅：和麵

烙，非煎、炸，各位看市面上賣水煎包的鐵鍋，為何至今還是用鐵鍋？烙餅，就是鐵鍋烙出來的，鐵鍋導熱不如不銹鋼，更不如銅鍋，但保溫持久，烙餅不能急火，但需持續溫度，這種鍋叫「鐺」。

若要硬些的餅，以冷水和麵，要軟些，以熱水和麵，各有風味。包餅吃的很少用冷水麵，蔥油餅也用燙麵，求的是酥且軟，冷水麵或燙麵都好，和好麵一定要靜置，叫「餳麵」，餳夠的麵才有咬勁。如果要做的有層次，就多捲幾次，擀開再捲，再擀開，就會一層層的，有的蔥油餅，蔥全在麵皮內，外層烙的焦黃，而裡面蔥煎不到，是燜熟的，就像炒飯時，蔥不煸香，而在起鍋時才放，生蔥香氣沒出來，並不好吃。

麵食千變萬化，有餡與無餡

除了餅，北方人也常吃包子、饅頭、花捲、銀絲捲，這些都是蒸出來的，回到河南老家，饅頭都叫「饃」，而台灣的饅頭加糖，變成甜饅頭，很奇怪，麵粉本身就有麵香，加點鹽和麵，增加勁道，就是本味，成了百搭的主食，品項也很多，從有餡的饅頭成了包子，都說：「與諸葛亮有關」。

花捲也就是加了點花椒鹽與蔥花，型狀不一樣的饅頭，在市場也買不到好吃的，有的沒有蔥花，有的放鹽，但不是花椒鹽，少了那股椒鹽香；還有銀絲捲用炸的蘸煉乳吃，也成了台灣吃法，北方人的吃法很簡單，無論是包子、花捲、饅頭、銀絲捲，都是搭配鹹菜、腐乳，有碗小米粥或玉米糝，就是知足的一餐。

最後要說的是菜盒子與餡餅，菜盒子也是在鐺上烙的，一般都是說韭菜盒子，內餡也是韭菜居多，別的菜當然也可以做，如高麗菜、瓠子、蘿蔔絲都可以，大部分肉餡很少，有些豆乾、粉絲、蛋、開陽提鮮，既然叫菜盒子，就是季節蔬菜為主，要吃肉餡的就成了餡餅，牛、羊、豬最為普遍，以肉為主，調基本味，有些蔥花就不錯了。

吃包子，看出南北飲食文化之別

台灣九歌出版社，1985年出版了梁實秋大師的《雅舍談吃》，裡面有篇說湯包的文章，南方上海南翔的湯包有湯，鼎泰豐的湯包有湯，北方的苟不理包子有湯，現北京有個習大大，吃過大加讚賞的「慶富包子」是沒湯的，而北方的一般包子的確是沒湯的，個頭大，麵發的緊實，以吃飽為主要目的。

南方的包子則秀氣、皮薄，帶湯汁的多，以吃點心為主，搭著菜吃。梁實秋說個吃包子的故事：兩個不相識的人同桌吃包子，一位是北方來的大老粗，一位是南方的文人紳士，吃的是上海湯包。北方來的大老粗，夾起包子，一口咬下去（在北方就是這樣吃包子），包子裡的湯汁直颼過去，把對面的南方紳士，噴了個滿臉花，闖禍的北方大老粗並未察覺，低頭猛吃，而對面的南方紳士則不動聲色，店小二在旁邊看不下去了，趕緊擰個熱毛巾給送過去，未料南方的紳士，不急不徐的說道：「不忙，他還有兩個包吃還沒吃完哩！」

話說現今，是南方人調侃北方的大老粗，不也是一種歧視嗎？吃包子，要豎著吃，就不會皮破湯流，一

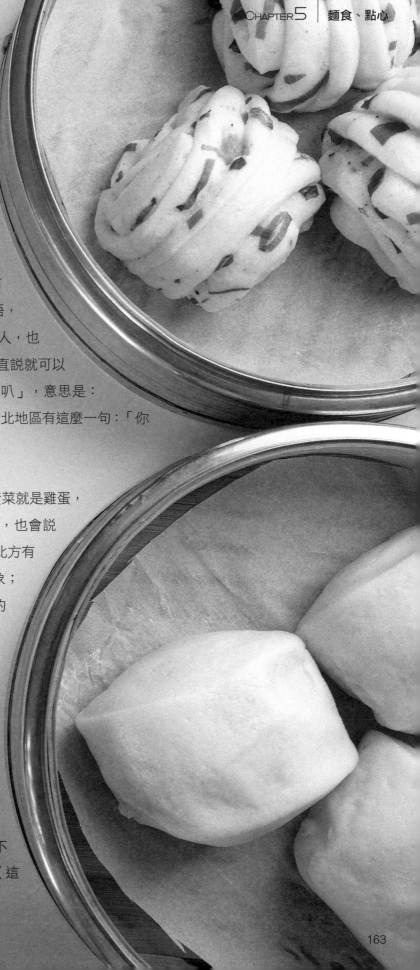

蹋糊塗了！文章的結尾說的好：
「要喝湯為什麼一定要灌在包
子裡，然後喝呢？」

說話之道：
隱而不語，謂之歇後

這南方人調侃北方大老粗的方
式，就是古人云：「隱而不語，
謂之歇後」，歇後語是中國人特有
的語言方式，通常說前兩句，像謎語，
後句則是解說，一般都是罵人或損人，也
有誇獎之意，但很少，如是好話，直說就可以
了嘛！如這句誇人的：「窗外吹喇叭」，意思是：
鳴（名）聲在外；至於罵人的，在湖北地區有這麼一句：「你
刀、槍不學，學劍（賤）啊！」

話說北平有個菜，叫「溜黃菜」，黃菜就是雞蛋，
北平人避免說蛋字，認為蛋字不雅，也會說
「雞子兒」，說的還是雞蛋，然而北方有
句歇後語，很符合台灣的政治現象；
前幾年元宵節去了北京，與當地的
朋友，砍大山，喝咖啡，聊是非，
最熱門的還是台灣的名嘴政論節
目，然而北京的友人下了個有趣
的結論；他們罵人，都是拐彎抹
角的說：「今兒個是元宵節，所
以呢，元宵鍋裡煮雞子……就是
一鍋混蛋！」愣了會，想想也對，
煮元宵的鍋裡混著一些白煮蛋，不
是混蛋嗎？這北京人的語言，罵人不
帶髒字，真是猴兒騎駱駝，高阿！（這
是誇獎人）

炸醬麵

老北京認為炸醬麵的炸醬，標準是炸好，然後油、醬分開的，若醬鹹要稀釋，添加的是高湯不是水，這樣才是正規的做法。

第一次去北京，一定要吃北京的炸醬麵，一開口就被北京的友人糾正了，炸醬麵的炸是念二聲，不是念四聲，唸了一輩子，才知道是錯的，難怪唐魯孫、夏元瑜、梁實秋等老北京人，一聽到唸四聲「炸」醬麵，就知道是外地來的人，這也是中國字有趣的地方，查查字典就知道，炸食物和炸彈，都是同一個字，卻是不同音。

炸醬麵在北方極為普遍，山東、河南、河北到東北都吃，家家戶戶都會做，台灣也到處都有，但在台灣吃，吃一次，炸我一次，都是地雷，不是醬很稀，就是一堆豆乾，瘦肉太多，不然就是找不到肉，但主要的是醬的香氣沒有出來，醬一定要小火炒透，醬香才會出來。北方人用的是黃醬，東北人叫大醬，也就是黃豆醬，並不用南方的蠶豆瓣醬，有些北方人也會加甜麵醬，調和黃醬的鹹，但正規北京人是只用黃醬的。

已過世的大導演胡金銓先生，在香港吃遍各式大小館，沒有一家是對味的，每次都說：「醬不對，沒分開」，這些老北京認為炸醬麵的炸醬，標準是炸好，然後油、醬分開的，吃的時候說：「肥些，油多醬少；瘦些，

油少醬多」，如今北京的醬，也都是黑黑的一坨，拌都拌不開，然而台灣是稀的很。以前多半手工切肉，如今絞肉亦佳，只是絞粗些，太細都成肉渣子，想要油多就多些肥肉，瘦肉多，油就少了，但不能沒有肥肉，那就風味盡失了。這些北京的老前輩會執著油、醬分開的做法才是正規。若喜歡蒜的，加些蒜；肥肉煸出油，瘦肉香味出，再以小火炒出醬的香氣，醬鹹要稀釋，添加的是高湯不是水，油得要夠，慢慢細炒，不糊鍋，這樣炸出來的醬，保證是油、醬分離的。

炸醬的各種吃法

　　純的炸醬，分量少了不好做，多了一時半會吃不完，所以純炸醬不是只拌麵用的，可以燒豆腐、燒茄子，也可以加些豬肚、開陽、筍丁做成八寶辣醬，最簡單的就是小黃瓜、紅蘿蔔洗淨，切成條狀，冰鎮一下，就可以蘸醬吃了。若是吃炸醬麵，只要醬好了，其他的就簡單，切點黃瓜絲、紅蘿蔔絲，燙個綠豆芽（講究的就用銀芽），攤個蛋皮切絲條狀，紅、黃、綠、白、黑皆有。在北京是必備醋與蒜瓣，「吃口麵，ㄅㄚ ㄔ ㄚ一口蒜」，三把兩下就是一頓飯了，到了山西吃炸醬麵，除了有好醋、好麵條、好炸醬以外，一定有碗西紅柿炒蛋，這兩樣來拌麵吃，是食物中的絕配，更是我的最愛，各位不妨在家試做看看，醬濃稠些，西紅柿炒蛋稀些，讚！

　　唐魯孫先生自家的做法，外面沒見過，介紹給大家。他家不用肉，用的是雞蛋與「小金鉤」，小金鉤就是乾的小蝦米，也就是好的開陽，醬一樣是煸出香氣，再放入小金鉤與炒好的雞蛋中，比肉末鮮多了，他特別提醒醬不要炸的太乾，麵條不要太細，這樣才拌的開也入味。近年在北京吃了幾回炸醬麵，有好有壞，最差的一次是在故宮旁邊一家小館，專騙觀光客的，醬太鹹，麵條太爛（可能先煮好，放著），麵碼太多了，不知是吃麵還是在吃菜。

　　以前是講究手擀麵或拽麵（拉麵），現吃現做，現在市面上的麵條已做得很好，當然有時間，和個麵，做切麵、小拉麵或是麵疙瘩，都是不錯的搭配。這時想起韓國人說炸醬麵是他們的國麵，不知大家認為呢？

大廚 教你做

肥瘦比例恰好的豬絞肉，下鍋煸香，加入甜麵醬，以小火慢慢炒香，頓時香氣滿溢，淋上麵條一拌，再搭配時蔬，一碗充滿北方味的炸醬麵就完成。

● 食材

細白麵80g、絞肉30g、豆乾10g、小黃瓜30g、紅蘿蔔10g、蔥3g、薑2g、蒜頭2g

● 佐料

胡椒粉0.1g、烹大師1g、香油5g、甜麵醬50g

● 做法

1. 準備製作炸醬：豆乾切小丁備用。取蔥、薑、蒜頭切細碎入鍋爆香，再放入絞肉煸炒至熟透。

2. 接著放入豆乾丁拌炒，加入甜麵醬及香油、烹大師、胡椒粉調勻即可起鍋，完成炸醬。

3. 取細白麵入鍋水煮，煮熟後撈起瀝乾放於碗底，淋上做法2的炸醬料，可淋於麵上1/2，剩餘空間待擺放蔬菜絲。

4. 將小黃瓜、紅蘿蔔切絲，擺在麵上即完成。

打滷麵

講究的打滷麵是北方人做壽宴時的壓桌菜，壽宴的菜可以簡單，
但這壓軸登場的打滷麵就得照規矩來。

在台灣打滷麵不見了，只剩下「大滷麵」，或更離譜的「大魯麵」
了。打滷是動詞，是做這種麵碼的方式，打滷可以有茄子滷、白菜肉片滷、
西紅柿番茄滷、三鮮滷等，用料不同，名稱不同，然而台灣只有一種滷，
內容物大同小異，就是有肉片、木耳、紅蘿蔔，有的放些筍絲、香菇還
有蛋。

打滷的精髓在於一鍋好湯

北京的說法，打滷分「清滷」又叫「汆兒滷」，混滷又叫「芡兒滷」
（勾芡），老北京人對吃打滷麵是非常講究的，炸醬麵想吃，隨時可吃，
但打滷麵則是做壽宴時的壓桌菜，壽宴的菜可以簡單一點，壓軸的打滷麵
就得照規矩來，無論清滷或混滷都講究好湯，雞湯、骨頭湯、白肉湯皆好，
然而最好的是口蘑丁熬湯，在台灣是很難取得。

用白肉湯，五花肉片（不能太薄）、口蘑、金針花、木耳、雞蛋、勾
芡而成，勾芡就是做打滷麵的功夫了，芡勾的好，吃完麵，芡都不瀉掉，
就是說，菜是菜，湯是湯，分開了，這在廚房的術語叫「脫褲子」。除了
講究的口蘑有其獨特香氣，在滷完成的時候，一定要澆上一勺熱
的花椒油，「イㄌㄚ」一聲，才算是正宗的打滷大
功告成，打滷麵吃的是 70% 的滷、30% 的
麵，所以不能太鹹，也不加辣，滷子也
不能太淡，拌起麵則味不足，加些白
胡椒則可添加不同口感。

西紅柿番茄滷，就是番茄炒
雞蛋，加些高湯，稀些，不勾芡，
便成了方便又快速的清滷，這是家
常吃法。如果要請客，打個「三鮮
滷」，在原有的食材加上火腿、雞肉片、

海參，就成了高檔的三鮮滷了；吃素的朋友，也可做，將肉湯改成口蘑或香菇、黃豆芽湯底，加些筍片、金針菇、紅蘿蔔，下鍋炒斷生，加素湯，勾芡，起鍋時，再淋上熱騰騰的花椒油，保證比葷的打滷還好吃。

搭配拉麵、手工切麵，吃來才有筋道

吃打滷麵，麵條不要太細，也不要太爛，不然一放麵成坨，就拌不開了。而打滷麵是「喝滷為主，吃麵為輔」，調味放鹽即可，一放醬油，滷就不清了，在北京吃個打滷麵，配的是各種醬菜，因打滷麵已是全餐了，有主食麵條，有副食蔬菜，有肉、有湯，這也就是北方人的一頓飯，可惜的是台灣現在的北方館裡卻吃不到一碗像樣的打滷麵了。大滷麵，真不知與（大）何關？

梁實秋、唐魯孫、劉枋等這些老前輩、老北京都說吃打滷麵，麵條要自己做，最好手工切麵或小拉麵，這樣的麵條，吃起來才有筋道，不會爛成一團。花點時間，和一團冷水麵，水少些，麵硬些，揉一揉，餳一餳（餳：黏著、和麵靜置產生筋性再揉合，一般寫成醒字）接著揉到三光：手光、盆光、麵光，擀開、切條，餳的夠，再拉一下，就是小拉麵了。而拉麵，原意為挩（彳ㄣ）麵與「抻」同意，俗稱拉麵。

大廚 教你做

只要熬個雞湯或骨頭湯，搭配蔬菜、肉片，芡一勾，花椒油一淋，鮮香十足，令人大呼過癮。

● 食材

寬白麵80g、香菇3g、紅蘿蔔10g、筍10g、金針2g、蔥3g、青江菜10g、雞蛋20g、豬上肉20g、高湯300g

● 佐料

鹽0.5g、胡椒粉0.2g、烹大師1g、太白粉10g、醬油10g、花椒油（香油）3g

● 做法

1. 豬上肉放入高湯鍋煮熟，待冷後切片備用。
2. 金針泡軟後去蒂頭再打結，紅蘿蔔、筍切片（亦可切水花片），香菇泡軟，放入高湯中煮熟，再加入烹大師、鹽、醬油、胡椒粉，並將太白粉和水勾芡，調成羹湯。
3. 另起鍋水煮寬白麵，煮熟後放於碗底，加入汆燙好的青江菜及蛋液，再舀羹湯淋於麵上。
4. 撒上些許蔥花、淋上花椒油即完成。

TIPS **高湯不可使用海鮮高湯，會影響湯頭滋味。若無花椒油可以使用香油代替。**

炒肝

豬腸子、豬肝放在一塊，用花椒大料一起煮，來點醬油上色，再給它勾點芡，這地道的北京小吃就誕生了。

炒肝不炒，肝少豬腸多，就像台灣的蚵仔麵線，賣的是大腸麵線居多。炒肝是「燴」的，勾很重的芡，蒜味很濃，《燕都小食品雜詠》：「炒肝，濃稠汁裡煮肥腸，交易公平論塊嘗。諺語流傳豬八戒，一聲過市炒肝香。」解釋如下：炒肝以豬之小腸攢切成段，團粉攢汁燴之，昔年每文一碗，近年則恐非一銅之不能買矣，名為炒肝，實則燴豬腸，即無肝，更無用炒（有少許肝塊）這是說明炒肝的狀況。

2017 年年底去北京吃了門框胡同的褡褳火燒，接著到對面的鮮魚口天興居，炒肝的創始店，叫了一碗炒肝，二兩包子，這是最速配的吃法，包子不錯，炒肝實在讓人有點頭暈，芡勾的太濃稠，蒜味濃郁，腸子尚可，但肝太老了……放在大鍋內那樣煮，肝不老才怪。

百年前的第一盤炒肝

一百多年前是會仙居做出第一碗的炒肝，劉姓老闆，傳給了他的三個兒子，生意做的不錯，當時他們三兄弟是將白水煮雜碎來賣，把豬腸子、豬肝、豬心、豬肺放在一塊，用花椒大料一起煮，賣的還不錯，但有的顧客不喜歡豬心、豬肺就都給吐在桌子上。當時北京新報楊姓記者，很懂得北京小老百姓口味，就建議只要腸子與豬肝，去掉豬心、豬肺，來點醬油上色，再給它勾點芡，三兄弟問：「那這叫啥呢？」楊姓記者說：「我叫它炒肝，回頭我在報上幫你們宣傳一下」，於是炒肝這地道的北京小吃就誕生了。當然，這三兄弟在賣炒肝時，腸子要處理的很乾淨，切成頂針段（2～3公分圓形狀），就像做針線活的頂針，豬肝切片，花椒大料爆香，蒜末、黃醬加上高湯或口蘑湯，最後撒上蔥花、薑末、蒜末，一勾芡就完成了。

有兩種說法，炒肝都是大鍋賣，客人來的時候用大勺一打，就是一碗，第一種說法是賣炒肝的，遇熟人來，腸、肝打在碗底見不到，上面就只有蒜末，而生人來了上面兩三片肝、腸，碗底沒料，那生人就很得意的說：「我的肝、腸多，他沒有」，北京人挺欺生的，另一種說法是，要肥的，腸多些，要瘦的，肝多些，這老實多了，但無論哪種說法，都支持。炒肝是轉著喝的，不用筷子，一用筷子，就知道是外地來的，就像台中人吃大麵羹，不用調羹，用筷子，用喝的。

台灣也有餐館賣炒肝，標榜的是正宗北京做法，賣的也是天價，因為他家用的是大腸頭，而是現點現做的，是好意，但大腸頭太厚實了，失去了炒肝的原意，用豬腸子就可以了。最後說個北京人的冷幽默，歇後語：「你這人真是炒肝兒！」就是說你「沒心沒肺」。另一句京諺語：「豬八戒吃炒肝！」意思是「自殘骨肉」。

大廚 教你做　以豬大腸、豬肝為主角，蒜頭為輔，加入高湯熬煮，大腸柔軟而有彈性，豬肝則充滿香氣，整體味濃而不膩。

● **食材**

豬肝100g、豬大腸60g、香菇3g、杏鮑菇30g、筍10g、蔥5g、薑3g、蒜片5g、高湯300g

● **佐料**

糖5g、胡椒粉0.2g、太白粉10g、烹大師1g、米酒10g、香油5g、醬油20g

● **醃料**

胡椒粉0.1g 、太白粉3g、香油2g、醬油5g

● **做法**

1. 豬大腸先水煮煮熟，煮到用筷子可以穿透的程度即可，再切成長條備用。
2. 取豬肝洗淨後切片，並加醃料胡椒粉、太白粉、香油、醬油醃製後過油，油溫約60～70度。
3. 香菇、杏鮑菇、筍切片後氽燙，接著起鍋加入蔥、薑、蒜片爆香，香氣出來後加入高湯、糖、胡椒粉、烹大師、米酒、香油、醬油與所有食材調勻。
4. 太白粉加水勾芡後起鍋，最後放上蔥花做裝飾。

Tips　豬大腸也可以先用醋洗淨，去除腥味。

褡褳火燒

褡褳是古時候放在馬上的旅行袋，布做的，所以是衣字邊，往馬上一搭，兩頭便下垂。所以褡褳火燒只煎單面，而且較長，煎好後，一夾起來，兩頭下垂才叫合格。

褡褳火燒，也就是鍋貼，燙麵、煎單面，以豬肉餡為主，搭蔬菜，只加蔥花為本味。去年上北京找朋友，為了吃正宗的褡褳火燒，特別到大柵欄的門框胡同，因為北京也少見褡褳火燒，口味有好幾種，搭配玉米糝、鹹菜不用錢，一份6個，叫了2份不同餡料的，結果撐死了，一個大約2個台灣鍋貼的大小，價位算是合理的，一個台幣15元，等了很久才出菜，因為是現點現包，但真的好吃！在台灣目前只看到台北兩家店在做，一家在西門町，一家在仁愛路，仁愛路的褡褳火燒一個要價台幣55元，以台灣的鍋貼而言，這是天價，但以純手工製而言，我想這也算合理的價位。

窺見白案的功夫

為了重現這道鍋貼，郭木炎老師帶著一位對麵食有興趣的學生，告訴他做的原理，依樣畫葫蘆的來進行，雖然是第一次做，但也是有模有樣的做出來，而且餡的味道也調的很不錯（餡是老師調的），煎出來很好吃。談到此，很感慨像這樣白案的功夫，中式麵點，學的人越來越少，放眼望去，西式糕點、烘焙、麵包卻是前仆後繼的往前衝，歐式麵包、馬卡龍、提拉米蘇固然精彩，但中式的千層糕、蘇式點心、揚州茶點、包子、饅頭、燒賣、油餅，何嘗不是千變萬化呢？做歐式麵包的師傅，知道老麵發酵的重要，反而是中式麵點，幾乎都用發粉了。

會有「褡褳」的名稱，是成品的形狀，如果包的太小，就成了鍋貼，不像褡褳。褡褳是古時候放在馬上的旅行帶，布做的，所以是衣字邊，往馬上一搭，兩頭下垂，有帶子，可裝東西，下馬時，拿起來往身上一搭，

就像現代的斜背包，只是前後皆有大口袋，可裝所需之物。褡褳火燒，只煎單面，而且較長，煎好後，一夾起來，兩頭下垂，各有一個袋子型（褶口），這才叫合格的褡褳火燒。

學藝在於懷抱謙虛、認真，終生學習之心

這一位大三的學生，做了褡褳火燒示範，第一次做，算不錯了，但無論是哪件事，想要做的好、做的精緻，就要不停的練，俗話說：「功夫下得深，鐵杵磨成繡花針。」

書聖王羲之，他的字冠天下，少年即成名，他以書法闖出名號沒多久，有一天經過一間餃子館，生意很好，店門口掛著一副對聯：「經此過不去，知味且常來。」他看了看，字實在寫的很差，但忍不住，進去吃了水餃，水餃真的很好吃，就想見一見老闆，伙計往後面指了指，說：「老闆在後面」，於是他走到後面廚房一看，廚房有個大鍋

在煮水餃，廚房隔了個矮牆，見餃子一個個的從後院，飛進廚房的大鍋，他再走到矮牆後，看見一位滿頭白髮的老太太，非常熟練的包著餃子，包好就往矮牆後的廚房扔，非常精準，王羲之驚為天人，便趨前，請教老婆婆，要如何練，才能如此精湛？

老婆婆回說：「熟練五十載，深練需一生」，聽完便問：「餃子那麼好，門口的對聯怎麼寫的那麼糟？」老婆婆一聽，氣不打一處來，回說：「店裡曾央請一位剛成名的年輕書法家，王羲之，他聽說是餃子店，理都不理我。」王羲之一聽，直冒汗，趕緊回家補送一副對聯，也許是這樣刺激了王羲之成為「臨池學書，池水為黑，草隸冠絕古今」的王羲之了。其實這寓言，鼓勵學藝的人，謙虛、認真、努力，終生學習，廚藝不也是如此嗎？

今天的結尾說幾個有關麵食、飲食的歇後語，輕鬆一下。

「三分麵條七分水」，指的是「十分糊塗」。

「乾麵條下了鍋」，指的是「硬不起來」。

「皇帝的腦袋」……芋頭（御頭）。

把真正想表達的意思藏起來，以幽默方式呈現，就是中文有趣的地方。

大廚 教你做

外皮色澤金黃，焦香四溢，褡褳火燒可以品嘗出
麵香的原味，以及鮮美的內餡與酥脆口感。

● **材料**

麵粉300g、絞肉100g、蔥10g、薑5g

● **佐料**

胡椒粉0.2g、烹大師1g、醬油30g、香油5g

● **做法**

1. 絞肉加蔥、薑及香油、烹大師、醬油、胡椒粉拌均勻，
    做成餡料。
2. 取麵粉加水調勻後揉成麵團，鋪上蓋布，餳麵，大約
    2～3小時，依麵團大小及室內溫度而定。溫度高發
    酵會較快。
3. 將餳好的麵團擀成長方片（20公分×6公分），鋪上
    餡料。
4. 將兩邊麵皮對折收口，即完成長型鍋貼，放入鍋中，
    以小火煎。
5. 調少許麵粉水，於鍋貼表面煎至金黃色後放入麵粉
    水，縮乾汁後即可起鍋。

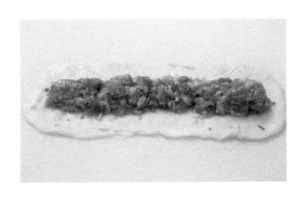

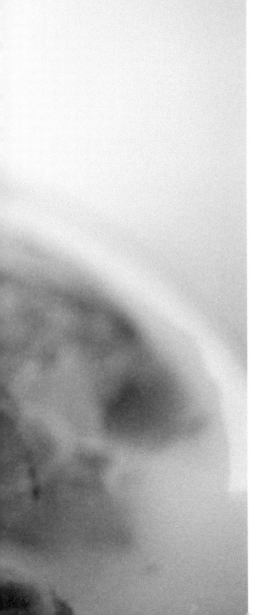

拔絲

北方菜的地道甜品，將糖熬煮至一定的濃稠程度後，放入先炸好的蘋果、香蕉、地瓜等食材，快速攪拌，再以筷子拉出細絲，這種做法就稱為「拔絲」。

　　北方菜館的廚師不會拔絲，就混不下去了，飯後的壓軸大戲，就是拔絲。客人要上甜點時，堂倌就會告訴師傅要準備上拔絲了，就看廚師開始炒糖汁了，這火不能大，也不能太小，師傅在鍋內用炒勺不停翻炒，就看糖汁化開，不斷地冒泡，炒勺不停地翻攪，沒有辦法告訴你，什麼時候可以下甜品，完全憑的是經驗、火候，糖炒到能拔絲的時候，也只不過十多秒的時間，時間不足沒有絲，時間過了，糖也焦糊了。

　　當主食材一下，幾秒的時間，起鍋，堂倌拿著成菜，一杯汽水、清水或蘋果西

打，以跑百米的速度，送到客人桌上，客人也不客氣的馬上食用，只看到夾起時，細如飛絲的糖汁，過下汽水，再送入口中，這就是北方菜的拔絲甜品。

甜品，為餐點畫下完美的結尾

此菜傳於明朝時的山東省，山東為山藥盛產地，成菜則以拔絲山藥最為正宗，傳到現今，無論拔絲蘋果酸甜之味，拔絲紅薯（地瓜）香甜可口，拔絲空心小棗、拔絲香蕉，拔絲山楂，都是極佳之北方飯後甜品。在台灣芋頭很多，品種亦佳，亦可試之，應有不錯的口感，這道菜是甜品，應該是塊狀能做甜品的食材皆可適用。

在西餐，好甜點是個完美的結束，因而西餐非常重視甜點，反觀中式菜餚，雖然也有好的甜品，但卻不是很重視。現今台灣的餐飲現象，已是中西混合，或是說無國界料理的搭配，就算是正規的中式宴席菜的甜點也會出現、提拉米蘇、烤布蕾或是冰淇淋也見怪不怪了。甜點上完了，這頓餐也該結束了，這是本書最後一篇文章，就再說個故事做為結尾吧！

華人地區，有拜廚神的很多，廚神也有很多位，沒有誰敢說他是正宗的，最早的有伊尹、彭祖、易牙，比較少談的是詹王，據說是隋文帝的詹姓廚師，有次隋文帝問他：「什麼東西最好吃？」他回答是：「鹽！」隋文帝認為他是戲君之言，就把他給砍頭了，之後御廚們做菜都不敢放鹽，隋文帝吃的菜都沒有味道，這才醒悟過來詹姓廚師的意思，於是封他為「詹王」。

另一個傳說是，詹王叫詹鼠，本是個流浪漢，隋文帝因為飯不好吃，連續殺了好幾位御廚，結果還是不滿意，於是張榜招募新御廚，詹鼠揭榜入宮應試，隋文帝問他：「什麼最好吃？」他回答說：「餓最好吃！」隨後他帶著隋文帝出城找餓，等隋文帝真的餓了，詹鼠就拿出蔥花餅給隋文帝吃，隋文帝才明白，只有餓了，食物才香，於是封他為廚神詹王，當然各位讀者看到這裡，都知道只是個寓言，但這何嘗不是真實的飲食觀念呢？每年農曆八月十三日，就是詹王的生日，也是廚師收徒與出師的日子。

現在台灣有很多學校的廚藝相關系所，有所謂的拜師大典，但清不清楚為什麼要拜師，拜的是誰呢？

食用蘋果拔絲時，需要沾裹汽水，能讓糖漿瞬間降溫，糖皮更加酥脆，一口咬下是果香酸甜、甜而不膩。

• 食材
蘋果300g

• 佐料
鹽1g、糖60g、麥芽糖60g、低筋麵粉60g、黑芝麻1g、汽水50g

• 做法
1. 蘋果去皮、去籽後切塊，泡入鹽水中備用，鹽的分量1g即可，主要防止蘋果氧化。
2. 麵粉加水，調成麵糊，將蘋果塊撈起瀝乾，沾裹麵糊，入油鍋炸酥麵皮。油溫約180～200度，記得關火油炸，火候不足再開火。
3. 麥芽糖、糖加水一起熬煮至濃稠，轉變成金黃色時，加入炸蘋果塊一起翻炒均勻，即可迅速起鍋。
4. 翻炒動作須加快，趁著糖還有熱度與軟度時，撒上些許黑芝麻，並用筷子往上夾起，拉出長長的糖絲，即完成。食用時可沾汽水，使糖絲變得酥脆。

Tips 糖炒到能拔絲的時間非常短，也要注意火候不能過大，否則容易焦糊。

跋

「夫禮之初，始諸飲食」，2500 年前我們老祖宗在《禮記》上開宗明義的説：「人有規範，有制度，是從飲食開始的」，先民是從祭祀到居家飲食所形成各種禮俗與規範，才有現代人的遵循制度，食以載道，更是如此，飲食並不是吃飽就好了，當然不吃是活不了的，人活著不只是為了吃，民以食為天可能只有天蓬將軍了（豬八戒）。

台灣從日據時代，到 1945 年收回了，從生活的貧困、吃不飽，到 70 年代可溫飽；經濟起飛的 80 年代，到 90 年代股票第一次上萬點時的百花齊放飲食，從餓著到吃飽，從亂吃到品味，2018 米其林的評鑑與迷失，台灣的餐飲已是極致的發展。廚師劇場最大的目的，不是教做菜，更不是一本教科書，是希望與廚師的合作過程中去呈現，文化面：有趣的典故與原由，技術面：菜原有的風貌與地區適應性，品味面：怎麼吃才有趣？才能吃的暢快淋漓。

清代詩人袁枚在 300 年前説過：「吃者隨便，廚師偷安」，顧客沒有品味，不懂吃，廚師怎不呼弄你呢？懂吃，不是一成不變，有時候正宗，真的吃不下去，正宗的成都麻婆豆腐本店，出來的麻婆豆腐勾了三次芡，像果凍一樣的麻婆豆腐，您吃的下去嗎？但不能不清楚這道菜的來龍去脈，菜才能顯現它的價值，而不是從食材上去定義，一塊豆腐才值幾個錢呢？

淺談北方菜，不足之處，請多多指正。

撰稿人：岳家青
2018 年 5 月 7 日

廚師劇場 北方菜

【聽大廚說菜，咀嚼北方飲食文化的轉變】

作　　者	郭木炎	
撰　　文	岳家青	
攝　　影	楊志雄	
策　　畫	全球餐飲發展有限公司	
編　　輯	吳嘉芬、徐詩淵	
校　　對	吳嘉芬、鄭婷尹	
美術設計	劉錦堂、黃珮瑜	

發　行　人　程安琪
總　策　畫　程顯灝
總　編　輯　呂增娣
主　　編　徐詩淵
資深編輯　鄭婷尹
編　　輯　吳嘉芬、林憶欣
美術主編　劉錦堂
美術編輯　曹文甄、黃珮瑜
行銷總監　呂增慧
資深行銷　謝儀方、吳孟蓉

發　行　部　侯莉莉
財　務　部　許麗娟、陳美齡
印　　務　許丁財
出　版　者　橘子文化事業有限公司

總　代　理　三友圖書有限公司
地　　址　106台北市安和路2段213號4樓
電　　話　(02) 2377-4155
傳　　真　(02) 2377-4355
E-mail　service@sanyau.com.tw
郵政劃撥　05844889 三友圖書有限公司

總　經　銷　大和書報圖書股份有限公司
地　　址　新北市新莊區五工五路2號
電　　話　(02) 8990-2588
傳　　真　(02) 2299-7900

製版印刷　鴻嘉彩藝印刷股份有限公司

初　　版　2018年7月
定　　價　新臺幣488元
ＩＳＢＮ　978-986-364-126-1（平裝）

http://www.ju-zi.com.tw

三友圖書
友直 友諒 友多聞

本書特別感謝

寶川企業有限公司
黑豆桑事業有限公司
環球科技大學 —— 餐飲廚藝系

國家圖書館出版品預行編目(CIP)資料

廚師劇場 北方菜：聽大廚説菜，咀嚼北方飲食
文化的轉變 / 郭木炎著. -- 初版. -- 臺北市：橘
子文化, 2018.07
　面；　公分
ISBN 978-986-364-126-1(平裝)

1.食譜 2.中國
427.11　　　　　　　　　　　　107010887

三友圖書有限公司 收
SANYAU PUBLISHING CO., LTD.

106 台北市安和路2段213號4樓

三友圖書
讀書俱樂部

購買《廚師劇場 北方菜：聽大廚說菜，咀嚼北方飲食文化的轉變》的讀者有福啦，只要詳細填寫背面問券，並寄回三友圖書，即有機會獲得「六協興業股份有限公司」獨家贊助精美好禮！

「六協 Atlantic Chef」
可掛式式吃叉匙（17cm）

價值 **680** 元 共 **10** 名

本回函影印無效

親愛的讀者：

感謝您購買《廚師劇場 北方菜：聽大廚說菜，咀嚼北方飲食文化的轉變》一書，為回饋您對本書的支持與愛護，只要填妥本回函，並於2018年10月1日前寄回本社（以郵戳為憑），即有機會參加抽獎活動，即有機會獲得「【六協Atlantic Chef】可掛式試吃叉匙（17cm）」（共10名）。

姓名 ＿＿＿＿＿＿＿＿＿＿＿＿ 出生年月日 ＿＿＿＿＿＿＿＿＿＿＿＿

電話 ＿＿＿＿＿＿＿＿＿＿＿＿ E-mail ＿＿＿＿＿＿＿＿＿＿＿＿

通訊地址 ＿＿＿＿＿＿＿＿＿＿＿＿＿＿＿＿＿＿＿＿＿＿＿＿＿＿＿＿

臉書帳號 ＿＿＿＿＿＿＿＿＿＿＿＿＿＿＿＿＿＿＿＿＿＿＿＿＿＿＿＿

部落格名稱 ＿＿＿＿＿＿＿＿＿＿＿＿＿＿＿＿＿＿＿＿＿＿＿＿＿＿

1 年齡
□18歲以下　　□19歲～25歲　　□26歲～35歲　　□36歲～45歲　　□46歲～55歲
□56歲～65歲　□66歲～75歲　　□76歲～85歲　　□86歲以上

2 職業
□軍公教 □工 □商 □自由業 □服務業 □農林漁牧業 □家管 □學生
□其他

3 您從何處購得本書？
□博客來　□金石堂網書　□讀冊　□誠品網書　□其他 ＿＿＿＿＿＿＿＿＿
□實體書店＿＿＿＿＿＿＿＿＿＿＿＿＿＿＿＿＿＿＿＿＿＿＿＿＿＿＿＿

4 您從何處得知本書？
□博客來　□金石堂網書　□讀冊　□誠品網書　□其他
□實體書店＿＿＿＿＿＿＿　□FB（三友圖書-微胖男女編輯社）
□好好刊（雙月刊）　□朋友推薦　□廣播媒體＿＿＿＿＿＿＿＿＿＿＿＿

5 您購買本書的因素有哪些？（可複選）
□作者 □內容 □圖片 □版面編排 □其他 ＿＿＿＿＿＿＿＿＿＿＿＿

6 您覺得本書的封面設計如何？
□非常滿意 □滿意 □普通 □很差 □其他 ＿＿＿＿＿＿＿＿＿＿＿＿

7 非常感謝您購買此書，您還對哪些主題有興趣？（可複選）
□中西食譜　□點心烘焙　□飲品類　□旅遊　□養生保健　□瘦身美妝 □手作　□寵物
□商業理財　□心靈療癒　□小說　　□其他 ＿＿＿＿＿＿＿＿＿＿＿＿

8 您每個月的購書預算為多少金額？
□1,000元以下　　□1,001～2,000元　□2,001～3,000元　□3,001～4,000元
□4,001～5,000元　□5,001元以上

9 若出版的書籍搭配贈品活動，您比較喜歡哪一類型的贈品？（可選2種）
□食品調味類　　□鍋具類　　□家電用品類　　□書籍類　　□生活用品類　　□DIY手作類
□交通票券類　　□展演活動票券類　□其他 ＿＿＿＿＿＿＿＿＿＿＿＿

10 您認為本書尚需改進之處？以及對我們的意見？

感謝您的填寫，
您寶貴的建議是我們進步的動力！

本回函得獎名單公布相關資訊
得獎名單抽出日期：2018年10月19日
得獎名單公布於：
臉書「三友圖書-微胖男女編輯社」：https://www.facebook.com/comehomelife/
痞客邦「三友圖書-微胖男女編輯社」：http://sanyau888.pixnet.net/blog